まんじゅう屋繁盛記

塩瀬の六五〇年

まんじゅう屋繁盛記

塩瀬の六五〇年

川島英子

岩波書店

まえがき

まんじゅう屋の女将《おかみ》でございます。

饅頭は日本人の心の故郷とも言えるほど、全国津々浦々に至るまで愛好されている和菓子です。地域の数だけその色合いをもった饅頭があります。このように皆さまから愛されている饅頭づくりを生業としている私は、商いへの喜びとお客様への感謝の日々でございます。

さて、私ども塩瀬総本家は日本の饅頭の元祖と言われておりますが、これは中国元《げん》代の人だった林《りん》浄因《じょういん》が貞和五(一三四九)年に来日して、奈良に住し、餡《あん》入りの饅頭を製し宮中に献上したからでした。以来六五〇余年、その子孫は奈良、京都、江戸(東京)と居を変えながら、その〝技《わざ》と味〟を絶やすことなく今日まで伝承してまいりました。室町時代には八代将軍だった足利義政公より、「日本第一番　本饅頭所　林氏鹽瀬」という看板を贈られもしましたが、このように営々とまんじゅう屋を営んで来られたことは、ひとえに皆さまの日頃のご愛顧の賜と心より感謝申し上げます。

当主になるにあたり、私は「温故知新」という言葉を胸に秘めていました。

塩瀬の歴史は幾星霜を経る間にいろいろと誤って伝えられた点もありましたので、私は可能な限り文献を掘り起こし、塩瀬の歴史について一つひとつ足を運び、新事実を確かめました。その事実を知り得た時の喜びと感激の中で、歴代当主の功績や活躍の軌跡を知り、「暖簾《のれん》」の重みを感じ、新時代に進展していく活力を得ることができました。

塩瀬の歴史を調べていくことは、饅頭のルーツを知ることでもありました。こうして、私は日本と中国の食文化の関わりを再認識し、日中友好の架橋となり、絆を深めることができればと思い、小さな〝行い〟もさせていただきました。

それにしても、世の中とは素敵なものです。「建前と本音」のような、己を守るための心の扉を取り除き、つねに人様に真摯に向かいあい、また父と母、ご先祖様を敬う生活をしていると、何か大きな力が私を支えてくれていると実感することがたくさんありました。力のない私に多くの方々が知恵を、力を貸してくれるからです。私の当主としての二五年間は、こうした方々のお力添えによるものです。

本書は、小さなまんじゅう屋の女将による一人語りのような書籍ですが、そこには多くの方からいただいた〝思い〟が込められています。どのような生業であれ、一所懸命、愚直に続けることで、私たちはささやかな〝喜びや生きがい〟を得ていくもののようです。

江戸時代の当主の陰徳の行いを知るにつけ、現代の生き方をつくづく反省させられます。自己の利益ばかりを追求せずに、他を思いやり、尽くすことが大切です。せっかくこの世に生を享けたのですから、一生のうち一つでも善いことをしましょう。生きがいを見つけて、毎日を過ごすと元気が出てきます。

そんな私の生き方やさまざまな体験をお話したくて、いろいろお力添えくださった皆さまに感謝の心を込めて書かせていただきました。

波多き　我が半生を　ふりかえり　いつか静かな　海になりたし

目　次

カバーイラスト＝成富小百合
装　丁＝後藤葉子

第1章　運命との出会い

～私のまんじゅう人生はここから～

世にも不思議な祖先との出会い――すべての始まりは、墓参り

私のまんじゅう人生は、ここから始まりました。忘れもしない、昭和五四(一九七九)年五月のことです。

「この日、私に運命が舞い降りてきました」。このように書くと、なにやらドラマティックなつくりごとのように受け取られるかもしれませんが、まさに文字の通りなのですから仕方ありません。

京都建仁寺《けんにんじ》の両足院《りょうそくいん》には、塩瀬《しおせ》が饅頭屋《まんじゅうや》町で商いをしていた戦国から江戸時代にかけての墓がありました。母は年に一度、両足院に墓参りに出かけるのを常とし、私はそれに時々付き合っていました。

この日の墓参りで、両足院のご住職にお茶をいただいているときのことです。母は何か知らせるものでもあったのでしょうか、「私が来られないときはこの娘を寄こしますので、よろしくお願い致します」と頭を下げたのでした。その言葉がなんとなく印象的で、私の胸の内に残っていました。

いつものように、合塔《ごうとう》と笠付きのお墓に手を合わせた後、何気なくその周辺を歩きました。すると、

気のせいか「鹽《しお》」という文字が目に飛び込んできたのです。それは土まみれの石柱で、いぶかしく思いながら、ざくざくと手でこすってみると、そこに現れたのは「鹽瀬之墓」という文字だったのです。

私は、驚きのあまり叫びました。

「こんなところにも塩瀬のお墓がある！」

両足院

そして、その後方にも土まみれの石柱が立っているのに気づくと、もしやという思いに駆られながら飛びつき、こすってみました。なんと、また現れた「鹽瀬之墓」の文字。裏面には「饅頭屋町」と刻まれていました。その石柱二本の辺りには、いままで土にまみれて、墓碑銘も隠れてしまっていたため、誰にも気づかれることもなく放置されていたと思われる塩瀬の墓石が散在していたのです。

墓石はひどく傷んでいて、文字の彫りがなかなか解読できないものもありましたが、結局、隣の更地に三つ、裏手に四つも見つかったのでした。とにかくびっくりして、これらの墓を掃除し、花と線香をあげ、拝んで東京に帰ってきました。

もし、あの日、散在していたお墓に気づかなかったならば、塩瀬総本家がたどった歴史は明るみに出なかったかもしれません。足早に移り行く時代の中では、しっかりと記憶し、記録されていないと、何事も薄れていってしまうものです。すべて風化してしまう前に、これらのお墓に出会うことができたことを嬉しく思いました。

その翌年、昭和五五(一九八〇)年二月一二日に、母は塩瀬総本家を私に託し、亡くなりました。まさか母が急逝してしまうことになるとは、墓参りの時点では夢にも思っていませんでした。

塩瀬総本家三十四代当主の私の時代は、このような出来事に導かれて始まったのです。塩瀬総本家六五〇年余りのあゆみは、それまでは穴だらけのジグソーパズルのようでしたが、私が当主になってからは塩瀬の歴史、その断片的な史実の一つひとつが、どこからともなく現れ、次第に形づくられ、系統立った物語として形を現したのです。

〝過去の発見〟は、私が当主を退き、会長となった現在でもいまだに引き続いて行っています。あらゆることが、全く思いがけないひょんなところから出てくるのです。

あの墓参りの日、私は、まんじゅう屋塩瀬の歴史を研究し、書き記し、後世に語り継ぐという使命を負ったのだろうと思わずにはいられませんでした。

生涯の　心の宝は　くりかえし　わが名を呼べる　母の御声
塩瀬という　のれん一筋　守り来し　母の偉大な　生涯尊し

母から創業六三〇余年の暖簾を託された二五年前

私は、子供の頃から「商売」という言葉がとても嫌でした。なにかにつけて「商売、商売」と口にする両親を見ていまして、子供心にも商売を煙たがる心が芽生えてしまっていました。ですから、商売人の家ではなくサラリーマンの家へ嫁ぎ、優雅に暮らすことを夢みていたのです。

そして、年頃になると、サラリーマンだった川島の家に嫁ぎました。塩瀬のことは、妹が跡を継ぐと思い込んでいましたが、その妹もまた嫁に出てしまいました。

父が他界した後は、母が塩瀬総本家を背負って、頑張っていました。いつでも気力十分で、とても元気だった母がある日突然、倒れてしまいました。

入院してまもなく容態が悪化しました。

「塩瀬のお店は潰すわけにいかないから、どうしてもおまえが帰ってきて、跡を継いでくれ」

これがあまりにも突然な死に際の言葉でした。

母は、「マンションを建てて老後は楽をしたいけれど、お父さんが『塩瀬の暖簾、暖簾』と言っていたので、大変でもこの暖簾を下げることはできないの。それで、今日まで頑張ってきているんだから」と生前よく話していました。また、「六〇〇年以上も続いているお店の暖簾を下ろすことは、ご先祖様にも大変申しわけないことなの」と、再三繰り返していました。

母の遺言を耳にしたとき、私は、父母が二人三脚で頑張って、守り抜いてきたこの暖簾を継ごうと心に決めました。

商売を嫌がる気持ちはもうなくなっていました。

私が結婚してからも、忙しいときは母から電話で呼び出されて、工場に駆けつけ、手伝うことは頻繁にありましたので、現場のことはよく知っており、仕事面での不安などは一切ありませんでした。

私が決断するとまもなく、主人は勤め先を辞め、私とともに塩瀬の暖簾を守っていく決意を固めてくれました。

母のくれた大切な言葉――悪ければ悪いように、良ければ良いように

ところで、母が私に与えてくれたありがたい言葉があります。それは、「悪ければ悪いように、良ければ良いようにやっていけばいい」という訓《おしえ》でした。

私は太平洋戦争を経験しているのですが、たとえば戦時中のような大変な時代には大変なときのように、小さいながらに暮らせばいいのです。また、良いときは、大変なときのために備えながら暮らす。「決して無理な暮らし方をしてはいけない。それなりに暮らしていくこと。人生がそのようであるように、塩瀬の暖簾にも同じことが言えるの」と私に教えてくれました。

小さいまんじゅう屋ながらも経営をしていくと、それこそさまざまな危機が訪れるものです。予測不能な事態に追い込まれることもありました。先が読めないのは、本当に人生と同じなのです。塩瀬総本家の過去を振り返ってみても、大正時代には貸し倒れで倒産寸前という危機もありました。また、戦争で店が焼けて営業を中断せざるを得ない事態もありました。

しかし、難局を乗り越え、伝統を保ち、今日につながっています。もちろん、倒産寸前という荒波にのまれたとき、店自体は小さくなったかもしれません。ただし、そんなときが訪れても、塩瀬という御菓子屋はどこからどうみても伝統ある御菓子屋であったはずです。その誇りと自信をもって、商いをやめないということ、どんな危機に見舞われようと暖簾を下ろさないという断固たる思いが必要なのだと母の言葉から強く感じました。

「運なり景気なりが下がったときは、下がったなりの商売をして続けていけばよい。人生には浮き沈みはつきものなのだから、当然、沈むときもあるはず。沈んだときに決してやってはならないのは、思いを断つこと。たとえ沈んでいたとしてもいいじゃないの。とにかく細々とでもつなげていくことが肝心なのよ。つなげておけば、孫の代か曾孫の代か、それとももっとその先の代かはわからないけれども、必ず浮くときがやってくるはず。だから、必ず大丈夫なのよ」という思い、そして沈んでも絶対に伝統を断ち切らないという勇気ある楽観性のようなものを母の言葉から感じました。

私は当主になる決意とともに、そんな思いを心に強く刻みました。母の言葉によって、とても力強い、逞《たくま》しい気持ちになれたと同時に、随分と楽な気持ちになることができました。母の言葉から、「私らしくやっていこう」と決意したのです。

「悪ければ悪いように、良ければ良いようにやっていけばいい」

この言葉は、私を随分と助け、私を守ってくれることになりました。

両足院蔵の過去帳、家系図をもとにしてお墓の改修を

私が当主となってすぐに行ったことは、建仁寺・両足院のくだんのお墓の改修でした。散在したお墓を見つけて以来、とても気にかかっていたのです。ご先祖様のお墓が散在している、考えただけでとても気分が悪いものでした。

そこで、両足院のご住職にお墓の改修を申し出ると、ご住職は「何百年来、そのような申し出をされたのはあなたが初めてです。どうか改修をしてください」とおっしゃいました。ただし、昔からあるお墓をそのまま使って、整理するだけにしてください、と。

しかし、お墓を整理するにしても、「それが誰の墓で、いつ頃のことで」ということがわからないままでは、整理のしようがありません。そこで、ご住職に両足院に伝わる家系図と過去帳を見せてもらうことにしました。これまで陽の目を見ずに、お蔵入りしていた大切な資料でした。

貴重な資料を目にして、とても驚きました。昔の過去帳なり家系図というのは、ただ名前が列記されているだけではなく、誰が何をしてどうなったかということが詳細に記録されているものだったからです。それを読むと、塩瀬歴代の当主のことがよくわかったのです。

私は過去帳と家系図をたどりながら、散在していたお墓を年代順に並べていくことにしました。過去帳の戒名を見てわかったことは、昔は夫と妻が一つのお墓に入り、その子供はまた自分のお墓をつくり妻と一緒に入るということでした。

墓石を年代順に並べるという作業は予想以上に骨が折れました。戒名と照合しようとするのですが、墓石が風化していて解読不能な文字があるからでした。それでもなんとか拾い読みし、一字一字を頼りに解いていきました。そして、かろうじて判読できたのです。もう少し時間が経ってしまえば、石はますます風化して、まったく判読できなかったかもしれません。お墓に手をつけられなくなってしまうぎりぎりの時期でした。

「お墓を直したい」という一心が、実際の行動となって表れ、これまで土の中で眠っていた塩瀬にとって大切な歴史を掘り起こすことになりました。この後、数多くの塩瀬の歴史について知ることになるのですが、その素晴らしい展開の起点がこの改修だったのです。

斯くありて　慈悲の心を　保ちたち　空に吹く息　空井戸に水

御仏に　守られ永久《とわ》に　安らけく　眠りいませと　ひたすら祈る

お墓を整えたとき、両足院のご住職が「その行為は、禅の心の真髄で、大空に息を吹きかけるような、空井戸に水を注ぐような、無償のものですよ」とおっしゃった言葉が心から離れませんでした。墓石とは、単なる石ではありません、人なのです。汚れたまま放置されて、存在も忘れられてしまっていたら、それはとてもかわいそうであり、悲しいことです。仮に自分がそうだったら、どんなに寂しい気持ちになってしまうことでしょう。ゆくゆくは必ずその先祖の一員となるのですから。人間の生き方というものは、見返りを求めて行動することではないはずです。私のすべての行動は、どれひとつをとっても、見返りを求めるための行為ではありませんでした。見返りなど考えず、誠心誠意尽くしてきたら、驚かされてしまうような嬉しい出来事が起こりました。これは、私が体験したことですから、明快に話すことができます。

ご先祖様からの力添えがあったはずなのです。読者の方は話半分に思うかもしれません。しかし、迷信のようだけれど、人生とはそういう不思議なものなのです。ご先祖様からの力添えが、人生を何倍にも大きくしてくれるものなのです。

第2章　始祖・林浄因を巡る旅

～碑建立と中国との交流～

始祖・林浄因と林家一族の歴史

両足院の塩瀬の墓地に建っている合塔には、創業者である林家一族の足跡を顕彰した碑文が刻まれています。この碑文を読むと、塩瀬総本家の歴史の概略を知ることができます。塩瀬の歴史をこれからお話することになるのですが、その話が読者の皆さんの心にスッと落ち着くために、まずはこの碑文を読んでいただきたいと思います。

原文のままここに記しますが、意味をより理解しやすくするために、振りがなをつけ、注は括弧書きにしています。「いきなりこんな文章を読むの」と嫌がらないでください。何やらとっつきにくい文章のように見えますが、その碑文が建立されたのは昭和六(一九三一)年とそんなに古くはなく、実際に読んでみるとそれほど難しい言葉は使っていません。

饅頭屋町祠堂ノ由来ト町合塔建立ノ趣意

元朝ノ頃宋ノ林和靖ノ裔林浄因洛東建仁寺両足院開基(寺を新しく作ること、またその人)龍山徳見禅師元ヨリ帰朝ニ随従シテ暦応四年日本ニ来リ　世々〔幾つかの世代や時代〕南都〔奈良〕ニ住ス　其地名ヲ世呼テ林小路ト称ス　浄因ハ林和靖山房ノ傍ラニアリシ庵蔓樹ノ実ニ擬シテ茲《ここ》ニ饅頭ヲ造ル　我国斯業ノ始祖ニシテ塩瀬家ノ鼻祖ナリ　嘗テ饅頭ヲ宮中ニ献セシニ叡感斜《ななめ》ナラス屢々《しばしば》宮中ニ召サレ寵《ちょう》遇《ぐう》浅カラス　宮女ヲ賜ヒテ之ニ配セシメ給フ　男子二人女子二人ヲ挙ク　龍山禅師延文三年〔一三五八年〕示寂〔菩薩、高僧が死ぬこと〕ノ後チ望郷ノ情動キ翌四年七月十五日妻子ヲ遺シ元朝ニ帰ル　妻子ハ家業ヲ続ケ弘ク世ニ賞用セラル　家号ヲ饅頭屋ト称ス　浄因ノ次子惟天盛祐京師〔京都〕ニ移ル　是《これ》ヨリ林家南北ニ分レヌ

合塔

　明応ノ頃〔明応年間（一四九二～一五〇一）〕惟天ノ孫宗二林逸五山緇徒《しと》〔僧侶のこと〕ノ間ニ遊ヒテ古今ノ文事ヲ極メ著作多シ　中ニモ節用集〔実用国語辞書〕ハ学界ニ多大ノ貢献ヲナセリ　世ニ饅頭屋本ト云フ　又林逸抄五十四巻ヲ著シ世ニ古今奈良伝授ト云フ　今ニ両足院ニ蔵ス　浄因ノ孫紹絆ハ元ニ遊ヒ製菓ノ法ヲ学ヒ帰朝後三河国設楽郡塩瀬村ニ住ス　是ヨリ姓ヲ塩瀬ト改ム　天正十六年〔一五八八年〕二月ノ町記録ニヨレハ京師下京烏丸三条下ル町ニ其子孫宗味ハ在住シ町名モ饅頭屋町ト記セラル

代々饅頭業ヲ営ミ居ルコトニ起因シテ町名トナリシナラン　当時町ノ西側南ヨリ曲尺百尺ノ以北ニ住ス　町内ニ貸家ヲ有シ土地総計新間ニテ約二百坪アリ

宗味茶事ヲ愛シ後ニ千利休ノ孫女ヲ娶《めと》リ家業饅頭ノ傍茶帛ヲ製シ商ヒヌ　今日行ハル、塩瀬茶帛ノ濫觴《らんしょう》（「始まり・源」の意）ナリ　豊太閤ニ寵遇ヲ受ケ又後水尾院東福門院明正院後光明院後西院ノ各御宇（その天皇の治める世。御代《みよ》）常ニ宮中ニ召サレ後水尾院ヨリハ御宸翰《ごしんかん》（直筆の文書）並ニ御製ノ和歌ヲモ賜リ塩瀬山城大掾ト称スルコトヲ許サル　林家ハ世々仏ニ帰スルモノ廿人ニ及ヘリ　五山諸刹ニ出家スルモノ文林無等圭甫悦岩和仲梅仙利峰剛外アリ　出家セサルモノモ此等一門ノ先徳ニ参シテ禅ヲ学ヘリ　両足院ノ世代ハ龍山ノ法ヲ嗣クル無等以下利峰ニ至ル七代間林家ノ同譜ヲ以テ貫ケリ　両足院ト塩瀬家トハ殆《ほとん》ト一家ノ如キ関係アリ　世々師壇ノ縁ヲ結ンテ四百余年ヲ経渉セシカ不幸真叟浄空禅定（仏門に入り仏道を修めること）門両足院ノ霊簿ニ最後ノ名ヲ留メテ林家ハ永遠ニ断絶セリ　最終ノ九郎右衛門浄空ハ生来多病妻ヲ娶ラス薄命ニシテ産ヲ失ヒ家族嗣子ナシ　依テ天明七年（一七八七年）町中ニ宛タル遺言状ヲ作ル　寛政十年（一七九八年）九月六日六十五歳ニテ歿ス　在町内同家ノ土地家屋ヲ遺志ニヨリ町内ニ収得ス　町内相集リ両足院ニ葬リ月牌ヲ納ム（以下略）

昭和六年五月建之　京都市中京区烏丸通三条南入　両足院十九世龍宗識

お墓がきれいに整った後、両足院のご住職の伊藤東慎氏が書き著した『黄龍遺韻《おうりょういいん》』（一九五七年）という本を頂戴しました。この書籍は両足院の歴史を綴ったものなのですが、両足院は林浄因《りんじょういん》の子孫が住職になっていることもあり、林家一族についても詳しく記されていました。

帰宅してすぐにページを開いてみると、塩瀬の始祖である林浄因が日本の食文化の発展に大きく貢献したこと、その林一族が饅頭づくりを継承したばかりでなく、中世の文化においても深い足跡を残した一族であったことなどが記されていました。

両足院ご住職よりいただいた『黄龍遺韻』や洞院公賢《とういんきんかた》が各地より報告された出来事を記した日記である『園太暦《えんたいりゃく》』(一三一一～六〇年の記録)など、さまざまな文書を読むにしたがって、私の中に次第に塩瀬の古い時代の出来事が積もり始めていました。

先ほどの、皆さんに読んでいただいた両足院、塩瀬の墓地にある碑文でも触れられていましたが、塩瀬は時として歴史的に大きく名前を刻んだ人物や事柄と関連づいていることが多々ありました。私はその歴史を知るたびに、驚くやら興奮するやらで、興味津々という程度を超えて、貪るように塩瀬の歴史を知りたいと思うようになっていました。

塩瀬総本家の経営とは別に、私は塩瀬の歴史に対して探究心の塊となり、その歴史を探っていきました。そして、知り得た史実を、秩序立てて整理していきました。すると、知られざる「饅頭の歴史物語」が見えてきたのです。

林浄因の来朝と和菓子の饅頭の誕生

林浄因が日本に来朝したのは、足利尊氏が征夷大将軍の頃でした。室町幕府草創期、南北朝時代の頃です。林浄因は龍山徳見禅師《りゅうざんとくけんぜんじ》が元で修行している時の俗弟子でした。龍山徳見禅師は、中国が元であった時代に渡海し、四五年間にわたる求道生活を送った僧侶でした。

その間、禅師は、参禅修行だけでなく、官命により、長く荒廃していた寧州兜率寺《ねいしゅうとそつじ》の住職となり、面目を一新しました。望郷の念が働き、貞和五(一三四九)年三月一四日、元の船で博多に帰省し、その翌年には、禅師は、尊氏の弟である足利直義《ただよし》の拝請により、建仁寺三十五世となったと言います。

林浄因がなぜ、来朝したのかと言いますと、禅師の識見にうたれていた浄因が、禅師の帰国に際し、別れがたく一緒に来朝したとのことでした。林浄因は、しばらくは禅師について天龍寺にいましたが、当時の政都である京都は南北朝の対立、その対立と深く関わりながら室町幕府内の足利尊氏と直義との対立といった政情不安があったため、それを避けるため奈良に居を定めました。当時、奈良は仏都であるとともに、食料、生活用品、武具等商工業の座が数多くあって経済活動も盛んであり、また帰化人も多かったのです。

居を構えた場所は林小路という漢国《かんごう》神社のある漢国町に隣接した路地でした。林浄因は、この地で饅頭をつくり、商いを始めました。林浄因がこしらえた饅頭は、奈良で売り始めた饅頭だったので「奈良饅頭」と呼ばれました。

林浄因は、中国で肉などを詰めて食べる「饅頭《マントウ》」にヒントを得て、和菓子の饅頭をつくりました。肉食が許されない僧侶のために、小豆《あずき》を煮つめ、甘葛煎《あまずらせん》の甘味と塩味を加えて餡《あん》をつくり、これを皮に包んで蒸し上げました。甘葛煎とは、蔓甘茶《つるあまちゃ》を原料とし、その茎果の汁を取り、煎じて食物に甘味をつけるもので、砂糖が普及しはじめる近世以前の一般的な甘味調味料といったものです。薬用または製菓に使われて、日本人の食生活に絶大な貢献をしてきたものでした。

「砂糖」は当時、とても高級なもので、食用としてではなく、薬用として輸入されていた時代でした。ただし、材料に用いた先の甘葛煎もとても貴重なものでした。甘味といえば、柿や栗の干したもの、という時代に、林浄因がつくった餡入りの饅頭は空前の甘味をもつ、斬新な御菓子だったのです。

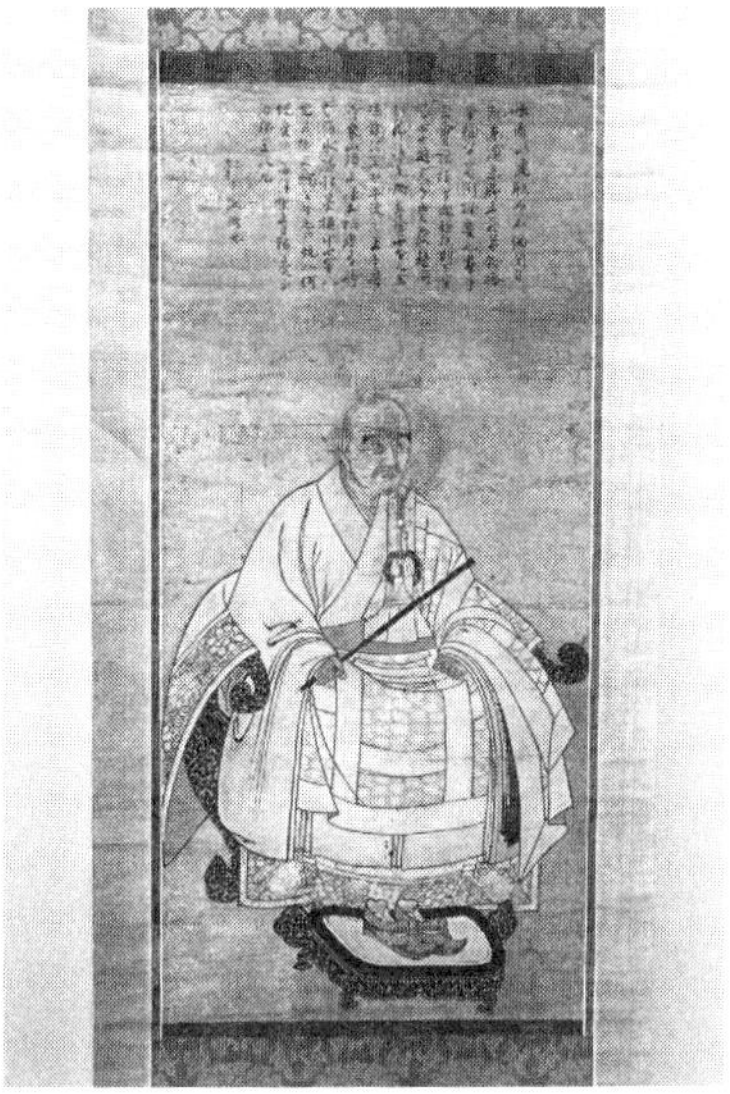

龍山徳見禅師

林浄因の創作菓子である饅頭、これが塩瀬饅頭の誕生であり、わが国の饅頭の誕生となったのでした。

こうして、饅頭第一号が誕生しました。現在、日本中で見かける饅頭は、ここに始まったのです。時代は下りますが、村井古道《むらいこどう》が正徳三(一七一三)年に著した『南都名産文集』を繙《ひもと》くと、林浄因がつくった饅頭の形状を知ることができます。

饅頭　太古蒸菓子干菓子わかれさる時一つの物なる状ち鶏子半片のことし　白きものハめくりて皮となり黒き物ハ包て杏となる　干時太釜のうなハらに蒸籠の浮橋して白雲の中に化生佳味を甘味中蒸饅頭と中奉る　饅頭此ヲハ摩武知宇と謂　一書曰　古建仁寺第二世龍山禅師入宋。時ニ中華人林和靖ノ末裔ノ林浄因ハ弟子ノ礼ヲ執ル斯人中華ニ於テ饅頭ヲ製造ス元ノ順宗至正元年龍山本朝ニ帰ル日林浄因モ相従テ来リ本朝ニ在リ氏ヲ塩瀬ト改メ始南都ニ住シ之ヲ製ス其形状片団是ヲ奈良饅頭ト称ス是本朝饅頭之始也中華ニ於テハ諸葛孔明ヨリ始マレリ

『南都名産文集』によると、「片団」と記されており、片面が扁平でもう一面は丸く膨れ上がる形状だったことがわかります。

禅師の死後、中国へ帰った林浄因――妻子との魂の邂逅を

ことあるたびに京都の禅師のもとを訪れていた林浄因ですが、その際に持参した饅頭は寺院に集う上流階級の人々の心を次々と射止めていったようです。その小麦の発酵した香り、ふわふわとした皮の柔らかさ、艶やかさ、そして小豆餡のほのかな甘さなど、饅頭は当時としては画期的な御菓子で、大好評を得たのでした。

そして、饅頭は禅師の仲介によって、公家の手を経て、後村上天皇に献上されるまでになりました。後村上天皇は大変に饅頭を喜んだため、林浄因はしばしば宮中に上がるようになっていました。天皇は林浄因を寵遇し、宮女を賜ったと言います。当時、一商人のもとへ宮女を下賜されるということは珍しく、特別の栄誉でありました。

林浄因は結婚に際して、紅白饅頭をつくり、諸方に贈り、そのうちの一組を子孫繁栄を願って大きな丸い石の下に埋めました。これが「饅頭塚」として、漢国神社境内にある林《りん》神社の裏に今日まで残されているのです。

今日、嫁入りや祝い事に紅白饅頭を配る風習があるのは、ここより出ているものです。林浄因は、その後二男二女を授かりました。

紅白薯蕷饅頭

古文書を見る

私は塩瀬の歴史を調べるために、過去帳や古文書、古い時代の書物を読みあさっていくうちに、ある史実に心惹かれていきました。

それは、禅師が亡くなった後に、林浄因はその寂しさに耐え切れず、望郷の念に駆られて、妻子を残して中国へ帰ってしまったことでした。残された妻子は、林浄因が中国に帰国した日を命日として定めて、その後も饅頭づくりを続けたと書いてありました。

その頃、私は両足院の墓を直し、少しホッとしたと同時に、「さて、これでよいのかしら」、まだ次にすべきことがある気がしてならないと、どこか落ち着かない気持ちを抱いていました。そうしたところに、日本に残された林浄因の妻子のことを知り、林浄因が中国へ帰国した後の、日本に残された妻子のことがどうしても頭を離れなかったのです。

追いかけて行きたくても、それは中国という遠い土地。残された妻子はどんなに寂しかったかしれません。それでも、その後もまんじゅう屋を続けたとは、とても痛々しいことです。

私はその妻子の気持ちを察して、何とか魂を慰めたいという気持ちが生まれました。あれこれ考えた末、墓は建てられないけれども、せめて中国に「林浄因さんがここにいる」という碑を建立し、そこへ日本に残された妻子の魂を一緒に連れて行ってあげようと思うにいたったのです。

「碑があれば、碑の前で妻子の魂と林浄因さんの魂を対面させてあげることができる。日本に残された妻子の魂のために、林浄因さんの碑を魂の拠りどころにできるように。そうしなければ！」

われながらこれは名案に違いないと感じました。林浄因によって日本にもたらされた饅頭の歴史を継承する者として、その祖を顕彰し、報恩と供養をするとともに、食文化を通じて日中友好の絆をさらに深めていく機会にもなると考えたのでした。

〝碑建立〟のため、見えざる力が私を勇気づける

「林浄因さんの碑を建立しよう」、そう思い立つと私はさっそく行動を起こしました。中華人民共和国の大使館へ出向き、その件について相談したのです。王豊玉参事官という方とお会いしました。

王参事官はじつに情の厚い方で、建立の事情を説明すると、「全面的に協力しましょう」とおっしゃってくださいました。また、「大使館を通すよりも、杭州へ行って、市長さんに直談判したほうが話は早く進みますよ、私が紹介状を書きますから」と丁寧にアドバイスをいただきもしました。

杭州行きの準備をさっそく進めようとしていたそのときに、考えられないような偶然が起こりました。王参事官が慌てて連絡をくださったのでした。

「あなた、杭州へ行く必要はありません。広島で開催される原爆四〇周年・世界平和の式典に杭州市長が代表として参列します。杭州市長は必ず大使館へ来ることになっているので、その時にあなたと一席持つよう話しておきます」

昭和六〇(一九八五)年八月、広島にて、世界各地域の代表が参加する世界平和の式典が催されましたが、まさにその式典に私が会いたがっている杭州市長がいらっしゃるという、なんとも偶然で、不思議なことが起こったのです。

私は、こうして杭州市長の鐘伯熙先生と面会する機会に恵まれたわけです。彼はアメリカに二年間留学していたという方で、思考が柔軟で、おまけに性格もソフトで優しく、林浄因碑建立の意向を伝えると、熱心に耳を傾けて、「実現するよう協力する」と約束してくださったのです。

鐘市長の帰国後、杭州より便りが届きました。その手紙は碑建立にあたり杭州市当局の説得にあたるために、林浄因の実在を実証する資料を揃えて提出するよう求めるものでした。市当局が納得するような資料を提出してもらう必要があるということだったのです。

私はさっそく両足院に納められている資料をはじめ、塩瀬にまつわる古文書を手元に揃えました。取り寄せられない資料については、国会図書館、東大史料編纂所に通ってコピーをとり、そして、それらの資料をすべて中国語の専門家に頼んで、中国語に翻訳してもらいました。資料を束ねると、その厚みは六、七センチはあろうかというものになりました。これで碑を建てられることになるだろうと思いながら、中国語で書いた請願書を併せて杭州市へ送付しました。

ところが、意外なことに杭州市当局からの返答は冷たいものでした。問題になる箇所があったからです。それは、「林浄因は、林和靖《りんわせい》の末裔である」というくだりでした。日本の文献には、いずれにもそのように明記されているので、私はなんら疑うことなく、鵜呑みにしてきました。これらの資料を送付すれば、簡単に承諾をもらえると信じ込んでいたのです。

ところで、林和靖という人物は、中国では特筆すべき歴史的な人物でした。その点については次の項目で触れることにしますが、杭州市当局は、中国側の文献には「林和靖は妻を娶らず子がなく、梅を妻とし、鶴を子供として暮らしていた」としか書かれていないため、「子孫が日本に渡っているということは信じられない。あなたの行為は、売名行為であろう」と決めつけてきたのです。「日本の文献に記されている事柄は、まったく裏づけがない」ということでした。

こうして今度は、林和靖と林浄因の関係について調べる必要が出てきたのです。「林浄因は林和靖の末裔だということさえ実証できれば、杭州市当局を納得させることができる」。そう考えた私は意気消沈するどころか、再び資料を探しました。そして、さらに塩瀬のことについて、深く知ることになっていったのです。

強い意志と多くの方の知恵によって許可が下りる

林和靖（九六七～一〇二八年）は、中国北宋の有名な詩人です。その叙景詩は繊細で情趣に富むものでした。そんな林和靖は生涯官途につかず、西湖の孤山に庵を結んで隠棲《いんせい》し、風流三昧、悠々自適の生活を送った人物でした。

日本においても林和靖の名はとても有名で、室町時代から江戸時代、そして現代に至るまで多くの文化人の理想とされ、愛慕されてきました。古くは、小島亮仙の「林和靖図」（室町後期）、近くは菱《ひし》田春草《だしゅんそう》の「林和靖」（明治四一年）、横山大観の「放鶴《ほうかく》」（明治四五年）など、著名画家の手による林和靖を題材とした画が数多く残されています。

林和靖は金品に欲がなく、清廉潔白な人であったので、その精神は武士道に通じるものがあり、とくに江戸時代には武士の間で非常に尊敬されていたと聞いています。江戸城の中奥《なかおく》（将軍の公邸）の襖には、林和靖の肖像画が描かれていました。この林和靖の間は、昭和二〇年に戦災で焼けるまで残っていました。

また、松尾芭蕉の『野ざらし紀行』(一六八五～八七年頃)では、芭蕉が三井秋風の山荘に招待された折に、「梅白しきのふや鶴を盗まれし」と詠んでいます。これは、立派に梅が咲いている山荘を林和靖の庵になぞらえ、鶴が見当たらないのは盗まれてしまったのでしょうかと詠んで秋風を称揚したものです。林和靖は梅を妻に、鶴をわが子に見立てて慈しんだという逸話を踏まえて詠んだ歌でした。

このように文化史上、さまざまな題材として林和靖は頻繁に用いられていたのです。

ところで、杭州市当局の返答に対して、私は鐘市長に「中国側には、林和靖についての文献はないのでしょうか」と聞いてみました。鐘市長は杭州大学の教授である林正秋先生に、さっそく林和靖についての資料を調べるように頼んでくださいました。

林教授は、杭州の有名な教授で、食文化を専門に研究されている方でした。この林先生には杭州市当局を説得するのに大変お力となっていただきました。まず、『山家清供《さんかせいきょう》』という書籍の中に、「吾翁和靖先生」との記述があった、と林先生がご連絡くださったのです。

『山家清供』は、南宋の頃に林洪《りんきょう》という人物が書いた「料理本」です。林洪は、若い頃江湖の間を二〇年余り渡り歩き、結局、山人業に落ち着き、字《あざな》は可山、号は龍発といい、他に『山家清事』、『茄草記事』の著書がある人物でした。

この林洪が、『山家清供』の中で、自分は林和靖の末裔であると称していたのです。

林先生から『山家清供』の知らせを受けた私は、ぜひその『山家清供』という書籍を読みたいと思い、中国古書を取り扱う専門古書店に出向きました。そこで尋ねると、「名前は聞いたことはあるけれど、さてあるかどうか。探してみて、出てきたらお知らせしますよ」ということだったので、連絡先を伝え、吉報を待つことにしました。

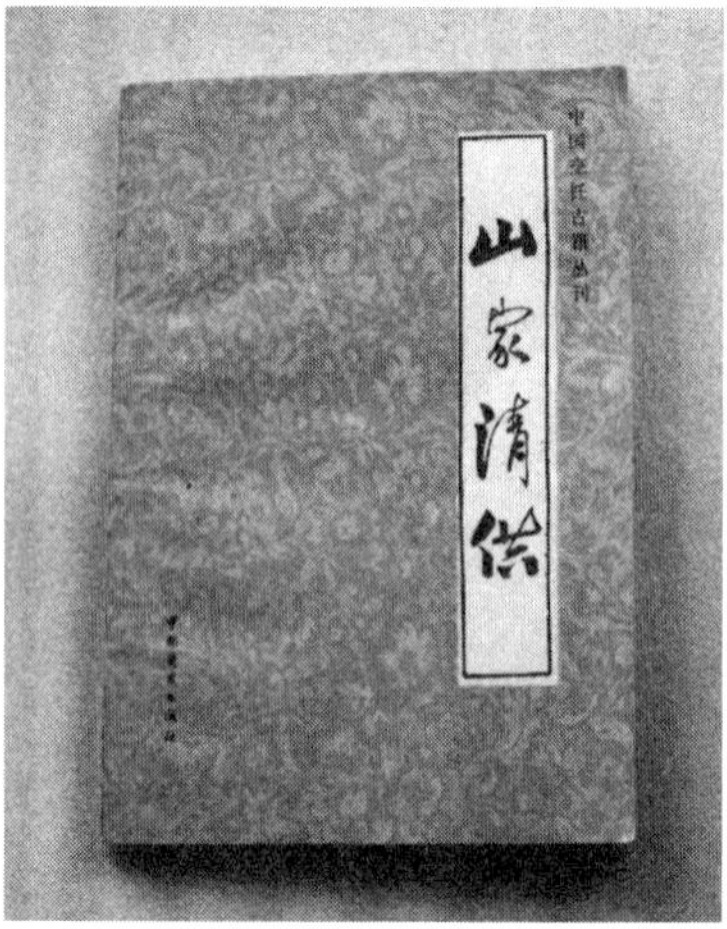

『山家清供』

それからしばらくして、見つかったという電話がかかってきたので、私はすぐにその古書店へ飛んで行き、購入しました。そして、調べてみると、確かに「吾翁和靖先生」と書いてあるところが見つかったのです。これにより、林洪が林和靖の末裔であることがわかりました。

この書籍には、「饅頭のつくり方」、「料理のつくり方」、「お酒のつくり方」などが書かれていて、これにより、中国宋代の末期には料理のことに携わる一族がいたということがうかがえました。林和靖の末裔だけあって、梅の料理が九項目も登場していました。この書籍は、宋代に料理のことを書いた特筆すべきものとして有名で、中国では貴重な文献のひとつとされています。

篠田統著『中国食物史』という、中国の食文化について専門的に書かれている書籍の中でも、南宋の時代の料理本として林洪の『山家清供』が取り上げられていました。そこからも『山家清供』が、歴史的に認められている書籍であることがわかります。

『山家清供』の他にもう一つ重要な資料が見つかりました。『宋史』(一三四五年)です。『宋史』の「隠逸上」に、林和靖についての記述があったのです。要約すると次のようなことが書かれていました。

林和靖は杭州西湖の小島孤山に隠棲した詩人で本名は林逋、字は君復という。幼くして父を失い、独学で詩を作り地方を放浪し、後に孤山に盧を結び隠棲し、爾後二〇年全く城市に足を入れなかった。生まれつき虚弱のため妻を娶らず、庭に梅を植え鶴を飼って楽しんでいたので人々は〝梅妻鶴子〟と呼んだという。その名は都に聞こえ、天子真宗から仕えるように申されたが名利を求めず受けなかった。

詩を以て有名になることを嫌い残さなかったが、密かに弟子が記録を残し『林和靖詩集』四巻が作られている。

歿して後天子仁宗はこれを悼み和靖先生の名を賜った。妻を娶らず子は無いが、兄の子宥は官に進む。その子大年は頗る介潔で天子英宗の時命を拒み、介する人あって鄲州《たんしゅう》の卒官となった。

これによって、林和靖には直系ではないけれども、同族の者がいることがわかりました。こうして、私は杭州市当局に『山家清供』と『宋史』の二つの資料について説明する文書を送り、再び説得にあたりました。

林正秋先生は、「林和靖は『妻を娶らず子は無い』とはあるが、林洪という人が林和靖の末裔だと言っているのだから、林和靖の一族は存在するということになる。林和靖の末裔と称する林浄因という人が日本でこれだけの功績を残したということも間違いないことだ」と杭州市当局に主張してくださったのです。

それを踏まえて、鐘市長も「そういうことはあり得ること」と納得して、杭州市当局より「資料の検討の結果、林浄因は林和靖の一族であるということは承知した」との返答をいただいたのでした。こうして、林浄因碑建立の許可が下りたのです。

林浄因・妻子の魂とともに中国へ――「浄因碑」を杭州に建立

昭和六一（一九八六）年五月、西湖の畔、柳鶯公園の一角にある呉越時代に造られた皇帝の花園、聚景園の中心に林浄因碑を建立することが決定しました。

碑の設計施工は杭州市園林局美術部に一任しました。蘇州近くの太湖まで出向き、太湖の湖底から切り出したという貴岩・太湖石を用いて、自然がつくり出す優雅な形の碑を製作していただきました。碑には、「日本饅頭創始人鹽瀬始祖林浄因紀念碑」と刻まれました。

杭州市当局を説得するために、多少、難航する局面はありましたが、こうして碑建立を思い立ってからわずか一年で碑が建ってしまいました。このような碑が建立されるには何年もかかるのが通例だというのに、この猛烈な速さで建てられたということは見えない不思議な力が働いているとしか思えませんでした。

同年一〇月二四日に除幕式が行われました。除幕式に出席するため杭州の地へ出向く際に、私は建仁寺の両足院へまず足を運びました。そして林浄因の妻子の墓に水をかけ、妻子の魂に、「私と一緒に中国へ行きましょう」と声をかけました。その他の子孫の魂にも、「あなたたちの先祖の林浄因さんにお会いしましょう」と声をかけました。私はいよいよ林浄因と妻子との対面のときが近づいているのだと思い、気が引き締まる思いでした。

除幕式は盛大に執り行われました。

碑前の池からはいっせいに幾つもの噴水があがり、爆竹が音をあげ、胡弓が奏でられ、民族衣装をまとった華やかな女性たちが出席者に飲食をもてなしてまわりました。

私は、無事に林浄因の魂とその妻子、そして子孫の魂を引き合わせることができたという安堵の思いで胸がいっぱいになりました。長きにわたる離別に終止符を打ってあげられたのではないかと、気が休まる思いがしました。

除幕式の模様は数多くのメディアに取り上げられ、とくに中国では、『杭州日報』、『北京週報』、『人民日報』に掲載され、また中国のテレビでもニュースとして放映されました。日本では、『朝日新聞』、『日本と中国』(日中友好協会発行)の各紙誌に掲載されたのです。

除幕式

碑を建ててから、その維持管理費を中国側は一切要求しませんでした。そこで、私はその友情に報いたいと考えて、以来毎年一〇月初旬に「饅頭祭」を行っています。これは、林浄因碑の前で紅白饅頭を二〇〇〇個配るというものです。

はじめは日本でつくった饅頭を運んでいたのですが、三年目からは友好を深める意味で、杭州市長にお願いして、杭州の点心師金志華先生をお招きし、日本風の餡の製法や皮の製法を伝えて杭州で饅頭をつくってもらい、それを購入して配るようにしました。

現在では市の職員や近所の人々もこの饅頭祭を楽しみに待っているほどに定着しています。まんじゅう屋が行うささやかな日中の交流だと思っています。

「浄因碑」を、林和靖の墓がある孤山に移転

建碑より約七年が経った平成五(一九九三)年四月に、私は杭州市海外科技経済交流協会より名誉理事に聘請《へいせい》され、その式典に招待されました。その折、願ってもないことに、中国側から碑の移転の打診があったのです。

聚景園にあった碑を、「西湖・孤山へ移転してよい」との許可が下りたのでした。そもそも、林浄因碑は林浄因の先祖にあたる林和靖の墓がある孤山に建てたいと希望していたのですが、その場所は国立公園の敷地内であったため、許可が下りず、結局あきらめざるを得なかったという経緯がありましたので、この移転の話は大変嬉しいものでした。

そもそも、国立公園に個人が碑を建てるということなどあまりないことで、その許可が下りてしまったのですから、まるで夢のような気持ちでした。この移転の話には、碑があった聚景園の周辺地域の様子があまりにも様変わりしてしまった事情も考慮されたのではないかと思っています。

建碑した当時は閑静な土地だったのですが、七年の間に近くには繁華街ができ、景観もずいぶんと賑やかになってしまいました。杭州市当局は、これではあまりに気の毒とでも思って配慮してくれたのでしょうか。あるいは、七年間、林浄因碑前で饅頭祭を催し続けてきたことが杭州市当局の目に留まり、認められたということなのでしょうか。

私は、さっそく工事にとりかかっていただくようお願いしました。そして、碑の移転と一緒に「浄因亭」という小さな亭を建立することにしました。

平成六(一九九四)年一〇月三日に、竣工式が執り行われました。浄因亭で楽団が奏でる美しい調べに、ソプラノ歌手が歌声を合わせ、雅《みやび》やかな音楽が流れる中、盛大な催しとなったのです。泉下の林浄因もご先祖様の地にて祝福されることを喜んでくれたにちがいない、と思いました。

式典の後、例年のように紅白饅頭を配り、子供たちや市民の方々が笑顔で「謝謝《シエーシエー》」と受けとっていく姿に、私は感無量で、こみ上げてくる涙を抑えかねることもしばしばでした。

はるかなる　先祖《みおや》の里に　一族の　思いを結び　胸は晴れたり
浄因の　伝えし技は　日中の　菓子の歴史と　なりて残りぬ
浄因も　笑み給うらん　人々の　饅頭祭に　集い来るさま

式典後の夜のレセプションでは、林浄因の菓子業界への貢献を記念して、「日中菓子交流展示会」を催しました。日本からは奈良・萬勝堂さんの「どら焼き」、奈良・雲水堂さんの「松風」、郡山・柏屋さんの「薄皮饅頭」、東京・竹翁堂さんの「羊羹《ようかん》」の出品をいただき、塩瀬総本家からは「上生菓子」、「薯蕷《じょうよ》饅頭」、「干菓子」、「飾り菓子」を出品しました。

杭州からは、陳静忠杭州市飲食服務公司副総経理の協力によりまして、南宋時代から伝わる古い菓子をはじめ、飾り菓子五〇種、彩り豊かで素晴らしい菓子の数々を出品していただきました。

その後、点心の第一人者である丁兆士先生の「龍髭《ロウピン》(龍のひげを模した細工菓子)」を実演していただき、日本からは東和会(東京都和生菓子技術協議会)名誉会長の松本松五郎氏の上生菓子の実演を披露しました。

西湖孤山の碑と亭

レセプションに出席しながら、この地が塩瀬の始祖・林浄因の故郷と知ってから、碑を建立するまでの約一〇年間のことが走馬灯のように思い浮かびました。マルコ・ポーロが東洋の天国と讃えた西湖の中心にある孤山に、そして林和靖の眠る土地に林浄因の碑と亭を建立できたことに無類の喜びを感じました。日中の温かく深い友情に支えられて、一連の行事を終えたことを、私は心から感謝しました。

浄因亭は、林和靖の墓と元代に林和靖を記念して建てられた放鶴亭を抱く山を背にする場所に建っています。小高い山の上にあり、相当の樹齢を数える巨木に囲まれています。山の斜面を降りたところには芝生の広場が広がっています。じつに風情のある見事な景観となっています。

杭州は南宋の都として栄え、日中文化交流が早くから行われて、貿易商、船大工、料理人、職人、芸能人、医師、僧侶、道士、学者、文人と、さまざまな人々が船に乗って往来していたと思われ、その中に林浄因という存在があり、日本で餡の饅頭をこしらえたわけですから、その意味で、杭州は和菓子の発展に深く関わった土地でもありました。遠い昔から結ばれた縁を大切に守り、子々孫々に至るまでこの友好の輪を深めていきたいと、私はいつも思っています。そして、碑と亭の建立は、林浄因をはじめとした一族の人たちから大きな力で後押しされたからにちがいない、という思いがいよいよ強まりました。

日中の厳かなお経の大合唱

林浄因碑が驚くばかりのはやさで出来たことや、その碑をきっかけとして起こってきた素晴らしい出来事に、躍り上がるほど歓天喜地したことを思い起こすと、そもそもの糸口はお墓の改修工事に始まっていたことをあらためて思いました。

平成一五(二〇〇三)年には、こんなことも起こりました。この年は建仁寺の八〇〇年遠忌で、建仁寺はこの機に、開祖栄西禅師が修行した中国のお寺を巡礼することになっていました。中国のゆかりの地を歩き、最終地点は杭州になるということでした。

私はそのことを、両足院の法要の際に、建仁寺の小堀泰巖貫主より聞いて知りました。

「杭州へ行かれるのなら、ぜひとも杭州の林浄因碑に立ち寄ってくださいな。うちは建仁寺さんとも縁が深いのですから、ぜひあの碑を見ていただきたいのです」

私がそう申し上げると、その後、執事の方より「お寄りします」というお返事をいただきました。

私は嬉しくなり、杭州市海外交流協会会長の汪金熙氏に建仁寺のお坊様が林浄因碑に立ち寄ってお経を上げてくださるということを話しました。すると、「そんなお偉い方がいらっしゃるのですか。それならば、地元の霊隠寺のお坊さんを参列させます」とおっしゃってくださいました。

当日は素晴らしい展開となりました。

その日、早めに林浄因碑前に行ってみると、すでに霊隠寺のお坊様方が碑の前にいらしていました。しかも三五人という大人数で列を組んで並んでいらしたのです。山吹色の衣を身にまとったお坊様が

霊隠寺の僧侶

ずらりと並び、そのお姿は非常に見事で立派なものでした。

そこへまもなくして到着した建仁寺のお坊様。お坊様と檀家さんを合わせ、なんと七〇人全員が揃って足を運んでくださったのでした。私は不意の出来事に驚き、まごつき、そのありがたさに心から敬礼申し上げました。建仁寺のお坊様方は、霊隠寺のお坊様がずらりとお迎えしてくださっていることに驚かれていたようでした。

林浄因碑前で、まずは霊隠寺のお坊様方がお経を上げてくださいました。はじめて知りましたが、中国のお経は日本の唱えるお経とは異なり、旋律がありました。

三五人の霊隠寺のお坊様によるお経は、響きあう旋律に、湧き上がる生命力に似た力強さが生まれ、合唱のようになって空気を満たしました。その美しさといったら、言葉にしようもないくらいで、心に沁みました。

次に、建仁寺のお坊様と檀家さんが一斉にお経を上げました。総勢七〇人によるお経。その迫力は、素晴らしいものでした。建仁寺のような徳の高いお寺のお経を聞くことなど、めったにないことです。なんとも貴重なありがたさに、私は涙を止めるすべがわからないほどでした。さぞかし林浄因も喜ばれたことだろうと思っています。ご先祖様の最大の供養になったのではないかと思っています。私にこれほどまでの感激を体験させてくれたのは、きっとこれまで行ってきたことの積み重ねに対して、林浄因がご褒美をくださったのだと思っています。

日中のお経の壮大なる余韻は、いつまでも西湖の孤山に響いていました。あのとき聞いたもの、見たもの、感じたものの素晴らしさは、いまだに色褪せることなく心の中に宝ものとなってそのまま残っています。

浄因の　しずもる孤山に　日中の　読経ひびき　湖面を渡る
暖かき　情につつまれ　我が思い　達せし幸《さら》を　かみしめ涙す

奈良・林神社の「饅頭祭り」と「顕彰祭」

塩瀬総本家の当主となるにあたり、両足院の墓の改修工事の他に、何としてもやらねば、と考えていることが、私にはもうひとつありました。それは、林神社参りでした。林神社には饅頭の神様として始祖・林浄因が祀られています。当主となるからには、ぜひとも林浄因にご挨拶をしなければ、と思ったのでした。

当主となった昭和五五（一九八〇）年八月に、私は例年行事である社内旅行先を奈良に決めて、社員全員を伴って林神社にはじめてお参りしました。御前にて心より饅頭づくりに励み、塩瀬の暖簾を守ることをお誓いしたのです。それは、今後当主としてしっかり暖簾をこの身に引き受けて塩瀬を守っていこうという決意表明の意味合いも含んでいました。

神社は、奈良・漢国町にある漢国神社境内にあります。戦後、当時の和田宮司《ぐうじ》がお社を建てるためにご尽力され、母は率先して奉納させていただいたそうです。

昭和三一（一九五六）年に、塩瀬総本家、塩瀬会、奈良、大阪、京都をはじめとする全国の菓子業者の努力と浄財で、現在のお社が完成しました。

こうした経緯はすべて社内旅行の際、梅木宮司にお伺いして知ったことでした。ちょうど、梅木宮司が、「饅頭の祖神おはします橙累々」という句を彫った石碑を建てたいとおっしゃったので、塩瀬より林神社境内に句碑を奉納させていただいたのです。

それまでも林神社の存在は知っていましたが、実際に訪れたことはありませんでした。母も林神社を訪れたことはなかったと思います。林神社を目の前に始祖・林浄因にご挨拶ができ、落ち着いた心静まる感覚に包まれました。

林神社では毎年四月一九日に「饅頭祭り」という例大祭が催され、この日には全国から菓子業者の方々が集まって来ます。饅頭の神様、林浄因を崇め、菓子業界の繁栄を祈願しているのです。敷地いっぱいにしつらえられたひな壇には各菓子屋が奉納したお菓子がずらりと並べられます。以来、私は毎年「饅頭祭り」に参加させていただいています。

また、この林神社では毎年九月一五日にもお祭りが行われます。このお祭りは印刷・出版の功業をたたえ、林家より出た林宗二《そうじ》を祀るものです。なぜ、林神社で印刷・出版のお祭りが行われるかと言いますと、林宗二は林浄因の末裔で、まんじゅう屋でありながら、『饅頭屋本節用集』という国語辞典を著し、また数多くの抄物《しょうもの》の筆録者として有名で、神として崇められ祀られているからでした。塩

林神社

饅頭塚

瀬を語る際に、林宗二は欠かせない存在であり、神社では饅頭屋本の発行に因み、全国印刷月間中の九月一五日に顕彰祭を営んで文運隆盛を祈願しているのです。

林小路町には霊巌院《れいがんいん》という寺があり、その院内には、林浄因を祀った小さな塚と碑があります。「我国饅頭之祖林浄因塚」と「饅頭祖林浄因碑」です。それぞれ裏面には饅頭商と思われる発起人の名が連ねてあります。林浄因は古くから饅頭商の間で敬われていたものと思っています。

司馬遼太郎と林浄因——国民的な人気作家が若き日に執筆された「饅頭伝来記」

「発掘！　司馬遼太郎二〇代の幻の習作」。こんな記事が平成八（一九九六）年一一月の『週刊朝日』に掲載されました。なんと、あの司馬遼太郎先生の遺稿に私ども塩瀬総本家の始祖・林浄因のことが書かれた短編小説があったというのです。

あの司馬先生です。驚きの情報を聞いて、私はしばらく見開いた目がなかなか元に戻りませんでした。このお話を、裏千家・東京道場の執事でありました多田佑史先生からうかがいました。多田先生は大変中国に詳しい方で、私が林浄因碑を中国に建立したことを大変喜んでくださり、それ以来何かとお世話いただいています。

私はうきうきした気持ちでページを開きました。司馬先生の二二〜二八歳という時代は一般に空白の期間とされ、出版各社の年表に発表作品の記載がないのですが、記事を読むと、先生の熱烈なファンの方がその間の習作を掘り起こされたということでした。

小説が書かれたのは、司馬先生が京都で新聞記者生活を送っていた時代で、本名福田定一の名前で、浄土真宗本願寺派(西本願寺)が創刊した『ブディスト・マガジン』という機関誌に八作品を発表していました。その雑誌はアカデミックすぎたためか、あまり売れず、時間が経つにつれて忘れられてしまった、と『週刊朝日』には書かれていました。

私どもの林浄因のことが書かれていた短編小説は、その八作品のうちのひとつで、タイトルは「饅頭伝来記」とありました。

司馬遼太郎
青春の習作【1】
饅頭伝来記
福田定一
え・安野光雅

「饅頭伝来記」

読者を引き込まずにはおかない語り口で、驚いたことには、いくつかの史実が忠実に書かれていたのでした。林浄因が龍山徳見について中国からやってきたこと、林浄因が奈良に居を構えたこと、天皇に気に入られて宮女を賜ったこと、龍山徳見が亡くなってから中国へ帰ったこと、これらの史実を柱として創られていました。

小説の終盤、還俗《げんぞく》した林浄因が饅頭をつくり、子供たちに配ります。饅頭は子供たちによって「あもうござる　浄因さんのまんじゅは唐渡り」と歌われました。また、尊氏より献上された浄因の饅頭を食べた帝は大いに驚き、司馬先生は、「大変なものを齎《もたら》した男ではある。我々は、甘いものといえば、木の果しか知らなかったが、この男は、（中略）大きくいえば、日本の食物の歴史に一つの革命をあたえたわけだ」と語りました。

史実の大筋に沿って進んでいくストーリー展開には、さもありなんと思わせるところがあるのが、さすがは司馬先生。林浄因が日本に来たときの生活ぶりや、また、林浄因が天皇から賜った宮女と気が合わなかったなどと書かれているのを読むと、なるほど、宮女とは概して気位が高いのであろうから、そうだったかもしれないと納得してしまうほど、非常にうまく描写されていました。

小説の最後には、「浄因が、日本に遺した子供たちの一人は、その後、京で菓子司となって、饅頭の技術を伝承し、いまにいたるまで中京に饅頭屋町の町名を遺したが、元禄のころ系譜が絶えた」と、締めくくられていました。

史実を用いながら、林浄因という人物像とその生き方におもしろみを加え、人情味あふれる龍山徳見との人間関係を描き出し、いきいきとした詩情的情趣にみちた世界が繰り広げられています。

「饅頭伝来記」というタイトルに感じられる硬さのようなものはなく、軟らかなタッチで書かれた、司馬先生特有の、ロマンあふれる小説でした。

第3章　私の「饅頭の歴史」探し

〜「林家・南家」と「林家・北家」から「塩瀬」へ〜

私の話に、目を爛々とさせる小学生たち

現在も多くの方々が、当家を学習目的で訪れてくださいます。饅頭を介して、お茶の文化から日本の文化までさまざまに学んでいくのです。

ある小学生たちは授業の一環として、中学生は修学旅行で、また、食文化を学ぶ大学生が卒業論文のテーマにしたいと考えて話を聞きにきたりと、本当にさまざまです。そんなとき、喜んで私は饅頭の歴史について語り、自分で調べて知りえた塩瀬の歴史についてお話します。また、質問に答え、資料や食文化のビデオをお見せしたり、出来立ての饅頭を実際に食べてもらうために工場を見ていただくこともあります。

こんなこともありました。平成一〇(一九九八)年八月、千葉県の習志野市立谷津南小学校六年の生徒さんから社会科の授業で、塩瀬饅頭のことをいろいろと聞かれました。相手が小学生の方でしたから、あまり難しい話にならないように説明しなくてはと思い、大変苦労した記憶があります。

そして後日、担任の先生からその時の授業に使用した「室町時代の文化について」というプリントをいただきました。塩瀬饅頭が、その時代の文化を深く理解する上で役立ったことを知りました。プリントにあったお子さん方の反応がとてもユニークで楽しいものでした。これこそが「情操教育のもと」と思いながら、子供たちが持ついろいろな発想の引き出しに声を出して笑ったことを覚えています。

子供にしかない感性で想像し、のびのびと自由に感想が述べられていました。子供の視線から素直に学び取った様子がじつに可愛らしいので、ここに紹介することにします。

○おいしそうだね、何のまんじゅうだろう。えー、室町時代にできたの、今も売っているんだ、古いんだね。
○紋は、身分の高い人しかもらえなかったんだ、まんじゅう屋さんは身分が高かったのかな。
○天皇や足利義政が食べてとてもおいしかったから看板を書いたりしたんじゃないかな。
○資料集に足利義政は庭作り、華道、水墨画などを楽しみ、文化を発展させたって書いてあるから、まんじゅうも文化の一部だったんじゃないかな。
○まんじゅうも文化かな。
○銀閣をたてさせたっていうから、ここでまんじゅうを食べたと思うな。

○天皇とか、えらい人が話をする時にお茶といっしょに食べたと思う。
○けらいが飲み物といっしょに運んで来たんだと思う。
○お茶といっても抹茶でかきまぜるやつだろう、お母さんが習っている。
○おもてなしだよ。
○たたみの部屋で、外には庭が見えて、しょうじがある。ゆったりした感じで、しずかで落ち着いたところ。こんなところで食べたと思う。

塩瀬総本家様、おいしいおまんじゅう作りごくろうさまです。この前、社会の調べでおまんじゅうの事、教えて下さって本当にありがとうございました。よくわかりました。おかげで社会の発表では、みんな「なあーるほど」と言っておどろいていました。

発表が終わり、先生が塩瀬のおまんじゅうをみんなにくれました。実をいうと、私はおまんじゅうがにがてだったのですが、塩瀬のおまんじゅう、くせになりそうなくらいおいしくて、ほっぺたがおちそうでした。

今度総本家におまんじゅう食べに行きます。その時はどうぞよろしくお願いします。これからもおいしいおまんじゅう作り、がんばって下さい。おいそがしいところ、何度もお電話してどうもすみませんでした。

（谷津南小学校六年一組より）

私が自分のために調べはじめた塩瀬の歴史ですが、こんなにもさまざまな年齢層の方々に波及していくことにつながろうとは思ってもみませんでした。

最初のお客様は、お寺とお茶会——茶の湯の隆盛にのって繁盛する

林浄因が饅頭を商っていた室町時代初期、禅宗寺院は宗教学問の場としてだけでなく、上流階級の社交場としても使われていました。じつは、林浄因の饅頭が繁盛した背景には、かつてなかった真新しい御菓子が評判となったことに加えて、そのような御菓子を商うのにとても都合のよい環境があったことが挙げられます。時代背景が味方していたのです。

禅宗は、鎌倉時代以降、臨済宗を中心に武士の信仰を集め、鎌倉・室町時代を通して隆盛を極めた一派でした。禅宗の隆盛は、鎌倉時代初期に栄西禅師が宋で修行後、日本に禅宗の一宗派である臨済宗を伝え、布教したことに始まりました。室町時代に入ると、禅宗はさらに広く信仰を集めるようになったのです。

栄西禅師が宋から伝えたものは、禅宗のほかにもありました。茶でした。

建久二(一一九一)年、栄西禅師は茶種と茶道具を伝えました。茶種は、肥前(佐賀)霊仙寺に蒔き、

次に明恵上人《みょうえしょうにん》が京都の栂尾《とがのお》と宇治に分け植え、茶の製造法と飲み方を伝えたと言われています。栄西禅師が『喫茶養生記《きつさようじょうき》』(一二一一年)を著し、茶を修禅の際の睡魔を除く方法として説き、また薬用効果がある養生の術として説いて、禅宗の寺院を中心に喫茶の風習は広がっていきました。

そして、喫茶習慣の普及は、次第に茶が薬用飲料としてだけではなく、嗜好品としても受け入れられていくことにつながっていったのです。鎌倉時代までは、茶を飲む際、御菓子や点心は添えませんでしたが、室町時代になると、茶子《ちゃのこ》(茶に添える御菓子)や点心が生まれました。

『喫茶往来』や『禅林小歌』といった茶道本には、「茶会」という言葉が初めて登場し、室町時代になると茶寄合が行われていることがわかります。茶会に使われる茶子は、柿や栗の干したもの、点心は、小麦粉に米粉をこねて蒸した羹《かん》や麵で、小豆も赤飯にしたり、汁物にして食べることが一般的でした。

林浄因が来朝した頃は、禅宗が隆盛し、朝廷・幕府の両方から手厚く庇護を受けるまでになり、また喫茶風習の普及に伴って、禅宗の寺院を中心に京都でお茶会が行われるようになっていたのです。林浄因の商いの対象は、主に寺院や京都のお茶会でした。

ところで、この時代のお茶会はじつに興味をそそられます。贅沢なしつらえの座敷で、唐物の豪華な茶道具の鑑賞会も行われ、点心がふるまわれ、じつに遊興的、華美な茶の湯が行われたのでした。

後年の侘《わ》び、さびとはまったく異なる様子です。

林泉の美を極めた庭園内に設けられた眺めのよい建物で行われ、室内には釈迦、観音などの仏画、胡銅の花瓶には丹花、青蓮を飾り、宋元の名画家の画を掛け、数多くの由緒あるすぐれた茶道具が飾られたという記録などもあるようです。金閣寺や銀閣寺、あれこそがそうしたものだったのかもしれません。

室町時代初期から中期になると、茶会は次第に遊戯色が強くなり、各地の茶の味を飲みわけて優劣を競い、その勝負に金品を賭けるという「闘茶」が登場しました。

闘茶は、亭主も客も派手な錦繍《きんしゅう》をまとって行われ、〝本の茶〟〝非の茶〟を飲み当て、その得点によって勝敗を決めるという賭博的遊戯でした。「四種十服茶」といって、四種のお茶を一〇回ずつ飲んで本非を言い当てるものなどがありました。〝本の茶〟とは、当時日本で一番の茶所であった栂尾産の茶であり、〝非の茶〟とは栂尾産以外の茶のことで、賭けに用意された品物は、華麗な衣装であったり、麝香《じゃこう》、砂金、鎧《よろい》といった高価なものばかりでした。闘茶で勝ち取ったものは、それぞれが伴ってきた者に惜しげもなく渡してしまうというありさまが見られたようです。

また、伏見宮貞成親王《ふしみのみやさだふさしんのう》の著『看聞御記《かんもんぎょき》』(室町時代)という日記文には、「茶七所当て、各賭け物をとりあふ、相残りし賭け物は寺銭に取落す」とあり、残った品物を場所代として寺院に残していたことがわかります。現在、ばくちなどの際に場所代という意味合いで使われている「寺銭」の語源はまさにここから来ていると言われています。

闘茶名人といえば、「バサラ者」と呼ばれた近江の守護大名、佐々木道誉《どうよ》が挙げられます。バサラとは、伝統・権威・常識・身分などを度外視した傍若無人な行動、豪壮な態度、過度な贅沢、派手好みな生き方をいう当時の流行語でした。闘茶はまさに佐々木道誉に代表されるそのいきすぎた派手さを思えば、その雰囲気が伝わってくるような気がします。

茶を飲む際に、茶子が添えられるのが習慣化されていったのは、こうした、食をふんだんにふるまう闘茶のようなお茶会の流れかと思われます。林浄因が饅頭を商ったのは、こうした遊興的なお茶会であったと思われます。その茶会においては、お茶菓子もさぞかし盛大に出されたことが想像されますので、こうした時流にのって、饅頭商いは大繁盛だったのではないでしょうか。

ところで、林浄因が興したまんじゅう屋のその後ですが、残された妻子が商いを続け、そして子孫が受け継ぎました。その一族は、奈良と京都に分かれたと言います。第二章のはじめで触れた両足院の合塔の碑文には、「浄因ノ次子惟天盛祐京師ニ移ル　是ヨリ林家南北ニ分レヌ」と書かれていました。奈良に残った林家が南家、京都に出た林家が北家となりました。

南家は、「饅頭屋の奈良饅頭」といって、当時の奈良の名物を書き綴った『南都名産文集』という書物にも紹介されていますから、南家のまんじゅう屋は繁盛していたことがわかります。

一方、北家は、林浄因の五代孫、惟天盛祐が長禄四(一四六〇)年京都に上り、商売をしました。京都の地でまんじゅう屋を営んでいたというのは、延徳三(一四九一)年の『蓮成院記録』に、「二十四日為来二十七日御勳座見物京都上洛畢、同道良顕房、六八、千世絵、(不見)八木、塩、魚以下持セ、宿三条六角堂之西側之店饅頭屋次郎被借畢」とあります。すなわち、「公家の方が京都見物に来たときに、京都の饅頭屋に泊まった」との記述が見られ、そのまんじゅう屋は饅頭屋町西側に店があって公家の宿とするような大店《おおだな》であったと記されています。

また、この記述により、京都に出た当時、北家もまたただ「饅頭屋」と名乗っていたことがわかります。後に北家は、京都・北家と京都・南家に分かれ、それぞれが繁盛を続けました。京都・北家が続けたまんじゅう屋は、後世に「塩瀬」という名前に変わることになり、現代の塩瀬総本家へとつながっていくのでした。京都・南家は戦国時代になると、林宗二が登場し、文化人としても活躍しました。

応仁の乱で三河国・塩瀬村へ疎開——嵐山光三郎氏と巡った「謎学の旅」で

それからまもなくして応仁の乱が起こり、その戦禍を避けるために三河国・塩瀬村に疎開しました。

両足院の合塔の碑文にも、「浄因ノ孫紹絆ハ元ニ遊ヒ製菓ノ法ヲ学ヒ帰朝後三河国設楽郡塩瀬村ニ

住ス　是ヨリ姓ヲ塩瀬ト改ム」とあります。では、なぜ、塩瀬村に疎開したのでしょうか。塩瀬村と林家にはどのような関わりが……、また林家がその後、塩瀬を名乗った理由は……、こうしたさまざまな疑問を解決するためのきっかけになったのが、昭和六三(一九八八)年一一月、日本テレビで放映された嵐山光三郎氏がレポーターとなった「謎学の旅――追跡・日本最古のまんじゅう物語」という番組でした。

ちょうどこの時期は、杭州に林浄因碑が建立されたことで、マスコミで話題となり、この番組から声がかかったのでした。番組撮影のため、私も嵐山さんに同行し、塩瀬ゆかりの土地を訪ね歩きました。奈良の林神社にはじまり、京都のゆかりの土地を歩いて一泊し、翌日は愛知県南設楽郡鳳来町塩瀬(現在の愛知県新城市塩瀬)にも足をのばしたのです。

林浄因の孫が三河の国、塩瀬村に住んだことから「塩瀬」を名乗るようになったことは知っていましたが、この番組の撮影以前には、実際にこの地を訪れたことはありませんでした。

それが、「謎学の旅」のおかげで、番組の下調べということでテレビ局が調べてきてくれたのです。塩瀬というところは確実にあり、その中心には塩瀬城跡地があるということ、塩瀬村はかつて塩瀬氏という、三河国の豪族が土着し、勢力をもっていた地域であることがわかりました。

さて、その前に疎開する原因となった「応仁の乱」について簡単に触れることにしましょう。応仁元(一四六七)年から約一〇年間にわたり、全国の守護大名を西軍と東軍に二分させた戦いでした。

室町幕府の管領であった畠山家の家督争いが元でしたが、畠山義就軍には山名宗全、畠山政長には細川勝元と、幕府の主導権を争う二大守護大名が結びついたため、ついに天下を二分する大乱に発展しました。この大乱によって、京都を一面の焼け野原にしました。由緒ある寺社や公家の邸宅も焼かれ、多くの文化財が失われたのです。

応仁の乱の影響により、京都は商いができる状態ではなくなってしまいました。林家もまた然りでした。北家はこの内乱を逃れて、先にも触れたように、一時期塩瀬村に身を寄せることになったのでした。ここで林家の歴史にはじめて「塩瀬」という名前が登場してくるわけです。

塩瀬に実際行ってみると、山また山。谷川を利用した水路が非常に発達していて、移動する際には水路を使っていました。陸路を行くととんでもないくらい時間がかかるのだそうです。

愛知県新城市にある塩瀬氏の旧家を訪ね、塩瀬氏の末裔にあたる塩瀬忠夫氏にお目にかかりました。お土産に塩瀬饅頭をさしあげたところ、嵐山さんが「塩瀬さんが時を経て、塩瀬饅頭をいただくとは、不思議でおもしろいことだ」と感慨深げにおっしゃっていました。

塩瀬忠夫氏に塩瀬城跡地までご案内いただきました。塩瀬城跡地は、現在は畑となっており、そこに立ったときに、それはもうとにかく感動の一言でした。昔、ご先祖様がお世話になっていたであろう地に、何百年も経た後の塩瀬の主人である私が立ったのです。何百年も塩瀬の者が行っていない土地、そこに立ったという感激は忘れられないものでした。

その後塩瀬城跡地の現在の所有者でいらっしゃる川合厚徳氏にもお話をうかがいました。お話によると、塩瀬城跡近くにある神社のそばの畑からヒスイの勾玉が発見されたということです。発見された方を訪ねてお話をうかがいますと、専門の先生の鑑定の結果、そのヒスイは中国産で、北京で加工されたものだとわかりました。おそらく林浄因が中国より持ち込んだもので、それを林浄因の孫が受け継ぎ、持っていたものなのでしょう。まさかご先祖様が持っていたヒスイの勾玉を、私の手に眺めることになろうとは思いもかけませんでした。

嵐山さんと巡った「謎学の旅」のおかげで、永年心にかけながらも叶わなかった塩瀬城跡に立つことができ、さらにゆかりの方々にお会いすることができました。「謎学の旅」のロケは、新たな発見のある大変思い出深き旅となりました。

川合さんとは、これが縁となり以後親交を重ねています。秋には毎年この城跡で実った栗を送ってくださるので、ご先祖様の前にお供えしています。川合さんが平成九(一九九七)年一二月に来社され、塩瀬城跡地に碑を建てたいので、「碑の文字はぜひ、塩瀬村とゆかりある塩瀬饅頭の社長さんに書いていただきたい」とおっしゃられました。

そこで「塩瀬古城址」という文字を書いて川合さんに送りました。現在、塩瀬城跡地には、石碑が威風堂々と建っています。まさか私の書が城跡の碑に刻まれることになるなんて。この碑は今後ずっと残されていくのでしょう。ご縁とは不思議なものだとつくづく感じた次第です。

塩瀬古城址碑の除幕式には、役場の方々や小学校、中学校の校長先生が参列しました。また、塩瀬地区では、年に一度、文化講座を開催しています。その講師にとお声をかけていただいたため、「塩瀬村と塩瀬総本家とのつながりとおまんじゅうの歴史について」を講演しました。

それがご縁で、その後、塩瀬地区の中学生が修学旅行で東京に来ると、塩瀬総本家に立ち寄っていただくことが続いています。また、塩瀬地区の小学校の先生とPTA役員が、薯蕷《じょうよ》饅頭のつくり方を学びに来られ、バザーの際におまんじゅうをつくって出品し、好評を博して新聞に報じられたそうです。

このように、塩瀬地区の子供たちが、自分の生まれた土地の歴史を学び、おまんじゅうという食文化に対する認識を深めていくことは、とても素晴らしいことだと思います。饅頭を通して日本文化を知っていただくことも、塩瀬のひとつの役割であると思っています。

なぜ、疎開先が塩瀬村?

「謎学の旅」のおかげで、京都・北家が塩瀬村に疎開していた時代を調べられる資料を、私は手にすることができました。そこで、疑問なのですが、「塩瀬村に身を寄せたのは、どういったいきさつからなのだろうか」ということです。しかも、京都・北家は塩瀬村に疎開した後に、「塩瀬」という屋号を持つことになるわけですから、この塩瀬村には並々ならない思いがあったはずでした。

両足院に納められている林家の家系図には、林浄因の三世、浄印の妻は「富永氏の息女」と書かれていました。富永氏とは、調べてみると、大伴氏の末裔で、三河国一帯に勢力を伸ばした豪族でした。すると、三河国というところで、塩瀬村とつながってきました。

『新城市誌』という資料によると、塩瀬村は、室町時代に富永資経の次男である塩瀬宮内左衛門資時が城を造って住んだことにより、その辺り一帯の土地が塩瀬という地名となったという歴史がうかがい知れます。

さらに資料には、塩瀬宮内左衛門資時は、「近江国甲賀郡塩瀬の里」に住したことで、姓を塩瀬と名乗った、とありました。私はさらに調べを進めようと、滋賀県甲賀郡の地図を広げ、食い入るように見つめました。地図上に「塩瀬」の文字を探して目を凝らしたのです。

「甲賀郡には塩瀬の里という場所がない、おかしいわね。大塩という地名もある。月ヶ瀬という地名もある。塩と瀬が使われている地名ならあるのよね。でも、塩瀬がない。塩瀬というのが、この辺りには見つからない……」

「塩瀬の里に住した」と書かれてあるからには、塩瀬という地名があるはずなのですが、一生懸命探せど、いっこうに見つからないのです。わからないままに数年が経ちましたが、思いがけないことに吉報が入ってきました。

ご来店のお客様で、ハイキングを趣味としていらっしゃる方が、「奈良の神野山自然公園をハイキングしていたら、塩瀬地蔵という石仏があり、文化財となっていましたが、お店と関係があるのでは」との連絡をくださったのです。

「ええっ！　塩瀬地蔵が？　それは本当ですか！」

私は、塩瀬地蔵のある場所や情報をインターネットで調べてみた結果、奈良県山辺郡山添村大塩にあることがわかりました。平成一二(二〇〇〇)年四月一九日の林神社例大祭の前に、奈良市在住の沢井義明氏が山添村教育委員会から資料と地図を取り寄せて、車で案内してくださいました。

塩瀬地蔵は鎌倉時代の作といわれ山添村指定文化財になっていました。

「わあ！　こんなに大きいものなの」

現地に着くなり、もらした私の第一声でした。塩瀬地蔵はとても大きく、立派なお地蔵様だったのです。高さは二メートルほど、横には四メートルくらいの驚くほど大きな石にお地蔵様が彫られていたのでした。磨崖仏《まがいぶつ》でした。

「これほど、大きな石があるとは……。これほどの石は到底運ぶことはできないだろうから、崖が崩れた後をお地蔵様にしたのだろうか。しかし、崖とは切り離されている。こんなに大きなお地蔵様も珍しいいんじゃないかしら」

そんなことを思いながら、しばし見とれていました。塩瀬一族とどんな関わりがあったのかは不明ながら、「塩瀬」という文字と巡り合った安堵感を感じました。

断定はできませんが、塩瀬地蔵のあるこの土地が、きっと塩瀬宮内左衛門資時のゆかりの地であるに違いない、私は確信めいたものを心に宿しました。

想像するに、塩瀬地蔵はこれだけ大きく祀られているのですから、ご利益があることは確かなのでしょう。資料に塩瀬地蔵が眼病の神様であると書かれていることを考えると、宮内左衛門が塩瀬地蔵を信仰して、患っていた誰かの目を治したのかもしれません。何らかのご利益があったことがうかがえます。そして塩瀬を名乗り、塩瀬城の城主となったのです。

塩瀬地蔵

奈良県の若草山などのハイキングコースを歩くと、お地蔵様や観音様のお姿が見られました。そのお地蔵様や観音様の多さは、じつに驚くほどでした。普通の大きさのものや崖に彫られているものなどは、次から次へと幾つもありました。昔の人は、信仰の対象としてお地蔵様や観音様を彫っていたのでしょう。

塩瀬地蔵は、その最たるものだったと思われます。甲賀郡はお伊勢参りをする街道沿いに位置し、旅人が行き交っていた土地がらでした。現在はハイキングコースになっているくらいなので、山間部ではありますが、通行しやすい道だったと推測できます。

きっと塩瀬宮内左衛門と塩瀬地蔵は関係がある、と思っているのですが、現在、それを裏付ける資料がありません。しかし今後きっと、新たな資料が見つかり、この謎も解かれていくはずだと思っています。私は塩瀬地蔵を拝み、きっとここが「塩瀬」を名乗ることになった原点なのだと思いました。

さて、応仁の乱が終息して数年。戦禍を受けた京都もやっと商いが再開できる様子になると、京都・北家は京都へ戻り、再びまんじゅう屋の商いを行いました。塩瀬村に長く身を寄せていたこともあり、「塩瀬」と名乗って商売を始めたのでした。勢力をもつ豪族、塩瀬氏の名を名乗ったほうが、京都に出て商売をするにあたり、箔がつくと思ったのでしょうか。

饅頭屋町の誕生

中世の京都では、道路をはさんだ両側の店舗が結束し、町《ちょう》を構成したと言います。町内の構成員を町衆や町人といい、中世後期になると、町衆は町内に家を持ち、当番制の世話役を行うといった一定の義務と権利をもって、町の防衛も行ったというのです。

応仁の乱以後は、こうした町が集まって町組《ちょうぐみ》が結成され、自治的な性格を強めました。町組の運営に当たった町衆は、酒屋・土倉《どそう》といった財力のある商工業者で、町組は大きな力を持つようになるのです。


この頃になると、京都・北家のまんじゅう屋の周辺に饅頭屋町と呼ばれる町が現れました。

この饅頭屋町は戦前までありましたが、戦後の区画整理でなくなりました。そこで、戦前の地図と『京都市の地名』という本で確かめてみますと、饅頭屋町は、現在でいうところの住所「京都市中京区烏丸通三条下ル」、南北に通る烏丸通(旧烏丸小路)をはさむ両側の町であったことがわかります。三井住友銀行があった場所が、塩瀬の屋敷跡になります。

こうした町は、道路をはさんだ両側の店舗が結束した生活共同体で、饅頭屋町も「昭和」の時代になってもなお、その結束が生きていたようです。そのことは、饅頭屋町に暮らした方々の魂が眠る両足院に、町内が協力して昭和六(一九三一)年に、本書でたびたび触れている合塔を建立したことからもうかがえます。

中世の町衆の結束がいかに強いものであったかが、この合塔の建立からも知ることができると思います。何百年という月日が流れても、歴史は息づいているのだなあということをつくづく実感しました。

「饅頭屋」をキーワードに文献を探していきますと、時代は下りますが饅頭屋町が形成された様子がうかがえます。ここに並べてみると、元亀二（一五七一）年の『上下京都御膳方御用賄米寄帳』（立入宗継文書）には、「牛寅組（町組の名前）」を構成する町名に「まんちうや町」が見えますし、昭和一四（一九三九）年に刊行された『明倫誌』（京都市明倫尋常小学校記念誌）によると天正年間（一五七三～九二）は西側のみ片側半町で、東側は六角堂池の坊の敷地だったようです。

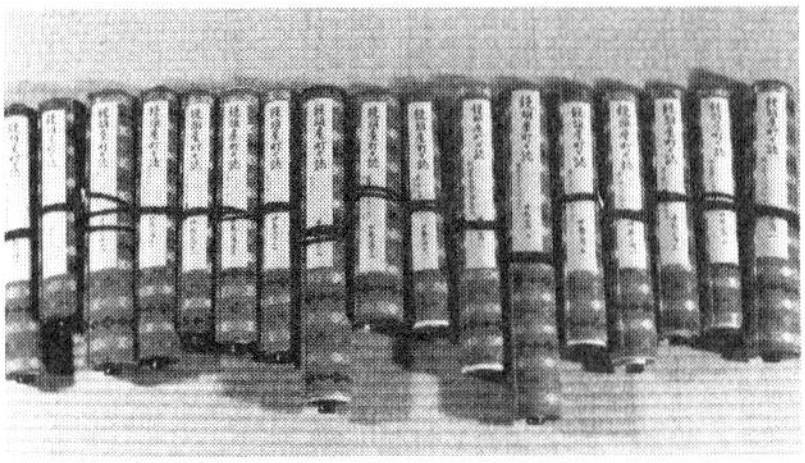
饅頭屋町々誌

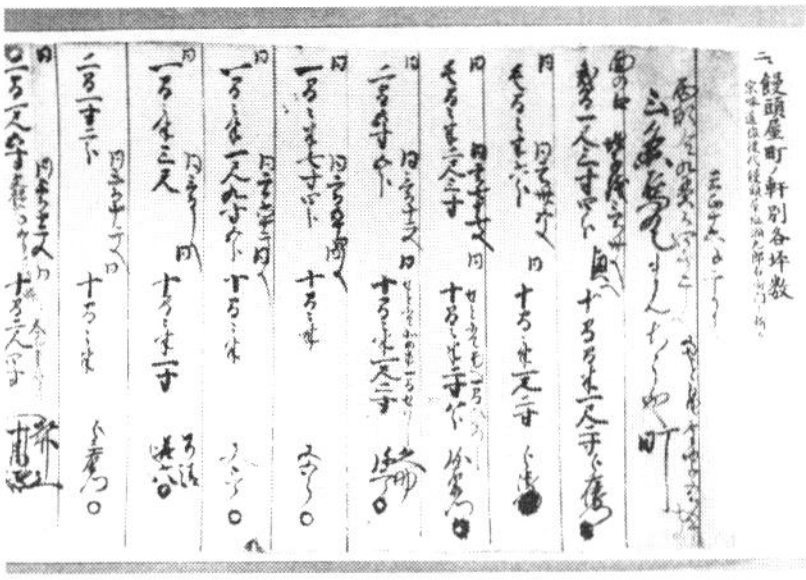
饅頭屋町軒別各坪数

また、天正一二（一五八四）年正月一九日付の起請文の前田玄以《げんい》の掟書には、「三条烏丸饅頭屋半町」とありますし、天正一五（一五八七）年の『饅頭屋町文書』の軒別各坪数によると、西側に一三戸、東側に一四戸の家並が認められます。

江戸時代に入り、寛永一四（一六三七）年「洛中絵図」には「まんぢうし丁」とあり、これは「饅頭師町」のことだろうと推測できます。後の寛永以降万治以前の「京都全図」、寛文一二(一六七二)年「洛中洛外大図」では「万寿師町」となっています。その他の刊行絵図や町鑑類では「まんぢうやの町」となっているのです。

また、宝永五(一七〇八)年の『饅頭屋文書』の町屋間数書には、西側一七軒、東側一六軒各々の間口と奥行の間数が記されており、間口三～四間、奥行十数間のものが多く、町居住の職商人には、饅頭屋のほか、絹類晒屋、絹布屋、馬借などが記されていました。

足利義政直筆の看板

塩瀬の繁盛ぶりは、こんなところにもうかがえます。

それは、室町幕府八代将軍足利義政公より授かった直筆の大看板です。「日本第一番　本饅頭所林氏鹽瀬」と書かれた看板で、太平洋戦争時の戦災で焼失してしまいました。その複製が現在、塩瀬総本店の店舗に掲げられています。

父が生前、よく「家には家宝の足利義政公直筆の看板があった」と言っていました。母が亡くなった後に、仏壇を整理していると、一枚の写真が出てきました。赤く変色していましたが、それは「本饅頭所」と書かれた看板の写真でした。

「これが、もしや父のよく話していた足利義政公直筆の看板かしら」

私はさっそく写真の裏面に書かれていた「小樽市公園通刀禰《とね》武夫」という文字を頼りに、その方を電話帳で探し当て、事情を尋ねてみました。刀禰武夫氏は書道家で、古い書体を写真に撮影するために、当家の看板を写したことがあったというのでした。その写したうちの一枚を送ってくださったということがわかりました。

明治時代の塩瀬のしおりには、「古より伝来の家宝開祖塩瀬看板実写　曲尺長五、巾二尺、厚二寸両面」と書かれていましたので、看板の大きさがわかりました。私は、復元していただくために、浅草の福善堂看板店の坂井保之氏に写真としおりを持ってお願いにうかがいました。

写真を見て、「これは欅《けやき》の一枚板です。このくらいの板はなかなか手に入りませんが、探して手に入り次第お作りしましょう」と引き受けてくださいました。そして、昭和五八(一九八三)年一月、ようやくできあがってきましたのが、現在ある看板です。

また、同じ頃、後土御門天皇からは「五七の桐」の御紋を賜りました。天皇家では、天皇家の御紋である「五七の桐」を、とくに功のあった臣下に下賜しました。この高貴で美しい意匠の御紋をいただくことは大変な名誉だったのです。

天皇家は、よく仕えた将軍家に桐の御紋を下賜し、足利氏、織田氏、豊臣氏にも桐紋を賜っていま

足利義政直筆の看板

した。桐の御紋を賜った将軍は、今度はそれを功績のあった武将に与え、そして武将は、その名誉を家臣に与えるということが行われたのです。

足利義政公直筆の看板にも、「五七の桐」の御紋が描かれています。足利氏が天皇家から御紋を下賜された経緯があったからだと言えるでしょう。

〝国盗り物語〟の時代の塩瀬――信長、秀吉、家康の頃

織田信長が天下統一に乗り出し、足利義昭を奉じて上洛をした頃、明智光秀は義昭と信長の間をとりもち、信長の重臣となっていました。光秀は京都奉行を務めて行政手腕を発揮し、その後近江坂本城、丹波亀山城などを与えられ、平定後の美濃・近江・丹波の諸侍を中核とした家臣団を形成していました。

京都・饅頭屋町も、明智光秀の管轄でした。制度が発せられる度に届けられる「信長布告」、「銭ノ

制定」や、「明智光秀ヨリ三日以内ニ田地指出スベシ」といった通達文書を、饅頭屋町の町衆であった塩瀬が受け取っていました。こうした布告の類も、両足院に所蔵されています。

塩瀬が、饅頭を信長、光秀に献上していたことは、察するにたやすいことです。とくに、光秀は有職故実や儀式などに通じた教養人で、和歌、連歌、茶の湯に造詣が深い文化人でありましたから、茶会の席などで川端道喜《かわばたどうき》の粽《ちまき》とともに、塩瀬饅頭を食されていたと思うと、やはり塩瀬饅頭は堂々たるものだと誇らしい気持ちになります。

本饅頭

また、豊臣秀吉にも、塩瀬饅頭は好まれていたという記録が残っています。両足院所蔵の古文書「林和靖氏、浄因」の項で、紹絆《しょうはん》が中国に渡り、製菓を学んだ後、日本に帰り、塩瀬村に住んで、姓を塩瀬と改めた。その後、妙慶禅尼、道徹、宗味《そうみ》の時代となり、道徹は太閤秀吉の寵愛を受け、出入りを許されたことが記録されています。

この時代の塩瀬隆盛の様子を、両足院の合塔碑文の一節では、「天正十六年二月ノ町記録ニヨレハ京師下京烏丸三条下ル町ニ其子孫宗味ハ在住シ町名モ饅頭屋町ト記セラル　代々饅頭業ヲ営ミ居ルコトニ起因シテ町名トナリシナラン　当時町ノ西側南ヨリ曲尺百尺ノ以北ニ住

ス　町内ニ貸家ヲ有シ土地総計新間ニテ約二百坪アリ」と書かれています。

京都・北家の塩瀬が信長、秀吉に誼《よしみ》を通じていた頃、京都・南家は三河の徳川家康と誼を通じていました。林浄因の七世の孫で、林宗二という人物です。『南都名産文集』には、「里諺曰饅頭屋宗二林小路に住居し饅頭を家風とす　紅粉をもてまんちうの中央に林の字を書家名の証とし侍る」と記されていました。当時、京都・南家は奈良に店を構えていました。

林宗二は、明応六(一四九七)年に生まれ、天正九(一五八一)年に没するまで、あたかも戦国時代を全編生き抜いたまんじゅう屋でした。戦国武将で奈良を治めていた松永久秀より、南都中の饅頭に関する販売権を一手に与えられていました。松永久秀もまた茶の湯を嗜《たしな》む文化人であったのです。

さて、林宗二が考案した「本饅頭」という饅頭があります。「本饅頭」とは、林浄因がつくった饅頭の味をさらに発展させ、小豆のこし餡に蜜づけした大納言を入れて、ごく薄い皮で包み、そのまま丁寧に蒸し上げた逸品でした。この時代になると、砂糖は依然貴重なものでしたが入手できて、良い小豆餡がつくられるようになったことがわかります。

ところで、長篠の戦いの際、林宗二が徳川家康と深く関わったことが伝えられています。ときは、天正三(一五七五)年五月、長篠の戦いの前夜でした。徳川家康の陣中に、宗二はこの本饅頭を献上したのです。

長篠の戦いは、三河の設楽原《したらがはら》（愛知県新城市）で行われた織田信長・徳川家康連合軍と武田勝頼軍による戦いでした。武田軍は、天下無敵といわれた戦国一の騎馬軍団を率いて攻撃に臨みましたが、織田・徳川連合軍の擁する鉄砲隊の一斉射撃により完膚なきまでに撃退され、敗れ、武田家の衰運の始まりとなるのでした。

家康は、出陣の際、宗二の本饅頭を兜《かぶと》に盛って軍神に供え、勝利を祈願したと言います。以来、本饅頭は「兜饅頭」とも呼ばれ、今日まで愛され続けてきている塩瀬自慢の逸品です。

このように、塩瀬は信長、光秀、秀吉、そして家康と、戦国時代から天下統一へと向かう時代の主役たちと交錯しながら生きていたのでした。

〝文化〟を愛でた林宗二、宗味――『饅頭屋本節用集』と塩瀬帛紗をつくる

京都・南家の当主であった林宗二は、その一方で有名な文学者でもありました。室町末期から桃山初期に活躍した篤学《とくがく》の士で、「抄物」の筆録者として世に広く知られていたのです。代表的なものに、『饅頭屋本節用集』や『源氏物語』の抄物である『林逸抄』五四巻があります。これら抄物のすべては、両足院に納められています。

宗二は、三条西実隆《さんじょうにしさねたか》や牡丹花肖柏《ぼたんかしょうはく》により和歌の教えを受けていました。「古今伝授」(古今和歌集の語句の解釈についての秘説などを特定の人に伝授すること)については、宗祇から「堺伝授」として肖柏に伝えられたものが、さらに肖柏から林宗二に伝えられたと言います。これを「奈良伝授」または「饅頭伝授」と呼び、町人に「古今伝授」が伝えられたのは、この宗二が初めてでした。また、宗二は国学にも通じており、儒者清原宣賢《きよはらのぶかた》について儒学を修め、その高弟でもあったのです。

古川柳に、宗二を詠んだものがあります。

歌書に目を晒し古今の奈良伝授
歌学に凝って夜をふかす饅頭屋
古今伝廿口でない饅頭屋

ところで、先ほど紹介した『饅頭屋本節用集』ですが、そもそも「節用集」とは、日常語の用字、語釈を示したイロハ引きの国語辞典のようなもので、内容を天地、時候、草木、人倫、肢体、畜類、財宝、食物、言語、進退等に分け使用の便宜を考えたものでした。言葉の読み方から漢字を求めるイロハ引き実用辞書の総称ともなり、文化史上重要な位置を占める辞書なのです。宗二は室町中期にすでに刊行されていたものを増補改訂して、『饅頭屋本節用集』として出版したもので、後部には京都の地名も記されています。

林宗二は奈良に居を構えながら、足繁く京都へも出てきていたと言います。京都六角堂の鐘の音を聞きながら、著を記していたとも聞いています。

私の手元には、宗二の『饅頭屋本節用集』(復刻本)がありますが、これは、昭和五七(一九八二)年に、奈良の池田源太先生(文学博士)が龍谷大学図書館で『饅頭屋本節用集』(復刻本)を発見され、奈良印刷業会副会長沢井義明氏の手によって復元されたものです。三部作成され、そのうちの一冊は林神社に奉納され、一冊を私に寄贈してくださったのでした。大変貴重な一冊です。

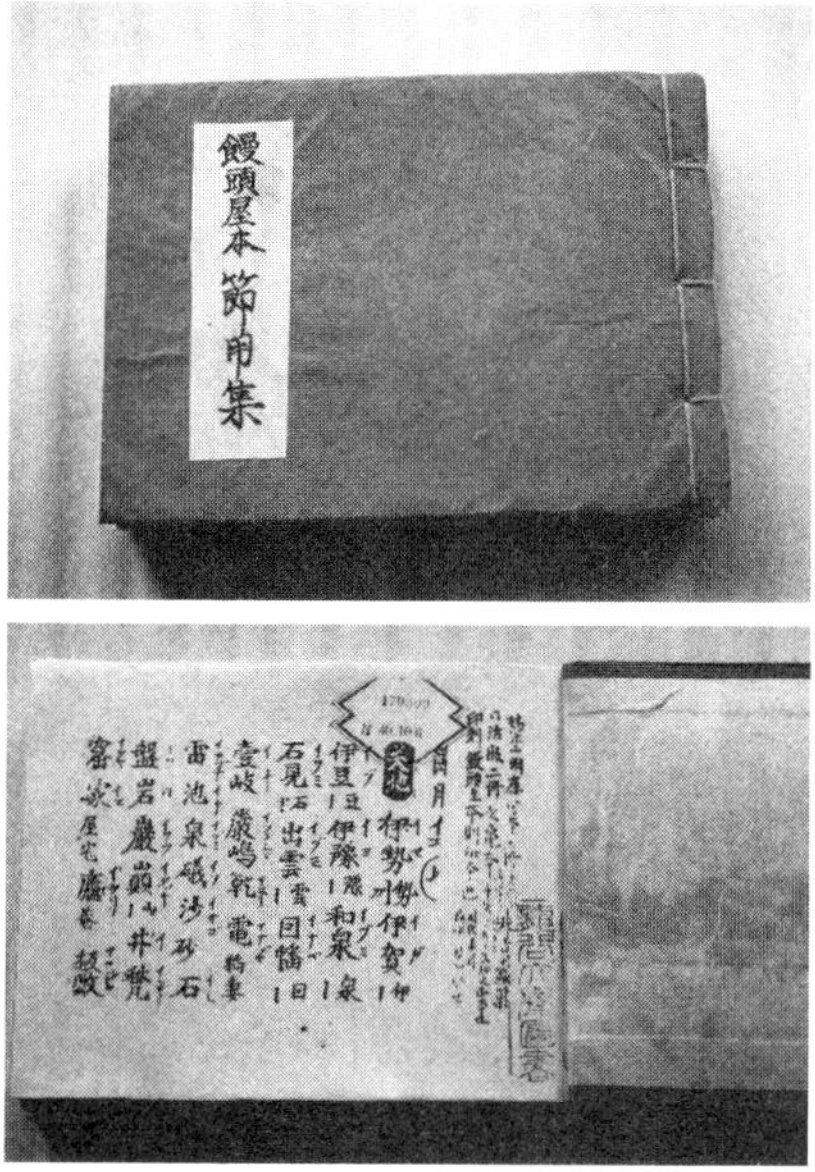

『饅頭屋本節用集』

京都・北家の宗味という当主もまた、饅頭を商いながら、そのいっぽうで茶人でもありました。その関係から、宗味は千利休の孫娘、栄需を妻にしたのです。

塩瀬といえば当然、饅頭ですが、それ以外にも賞賛せられるべきものがありました。それが「塩瀬帛紗《ふくさ》」です。

千利休の時代、茶帛紗の寸法は五寸四方ほどでした。利休が秀吉に従って茶頭として小田原に出陣したときに、利休の妻、宗恩がその四倍ほどの帛紗を縫って薬を包み、持たせたことから、その帛紗のほうが面白いということで宗恩の帛紗の仕立て方が使用されるようになりました。茶帛紗は一般に〝拭《ふ》きもの〟として使用されますが、この場合は〝包みもの〟としての帛紗でした。

塩瀬帛紗

宗味は、宗恩のこの帛紗を仕立て方などで工夫改良し、地を紫に染めて「塩瀬帛紗」として売り出し、当時、茶人間で好評を博しました。その銘は、「藤瀉」と言いました。宝永四(一七〇七)年に刊行された宝井其角《たからいきかく》の遺稿集『類柑子《るいこうじ》』に、「藤瀉や塩瀬によするふくさ貝」、また川柳にも「服紗にも饅頭ほどのうまみあり」と、塩瀬帛紗を饅頭同様に賞賛する声が幾つもあがっていたようです。

現在、茶帛紗は各流派によって多少の違いがありますが、その多くは塩瀬地が用いられています。

このように、塩瀬総本家の歴史は始祖・林浄因の後、奈良の林家・南家と京都の林家・北家に分かれ、それぞれに繁盛を続けていました。その間、本章でも触れましたが、京都・北家は応仁の乱の戦禍から逃れるため三河国塩瀬村に疎開し、以後、「塩瀬」と名乗るようになりました。

次章では江戸時代の塩瀬についてお話いたしますが、京都の塩瀬から江戸に下る一族が生まれます。その一族が、現在の私どもに連なってくるのですが、それはまだまだ後のお話です。

第4章　将軍のお膝元で商いを始めて

〜江戸時代、塩瀬のその後〜

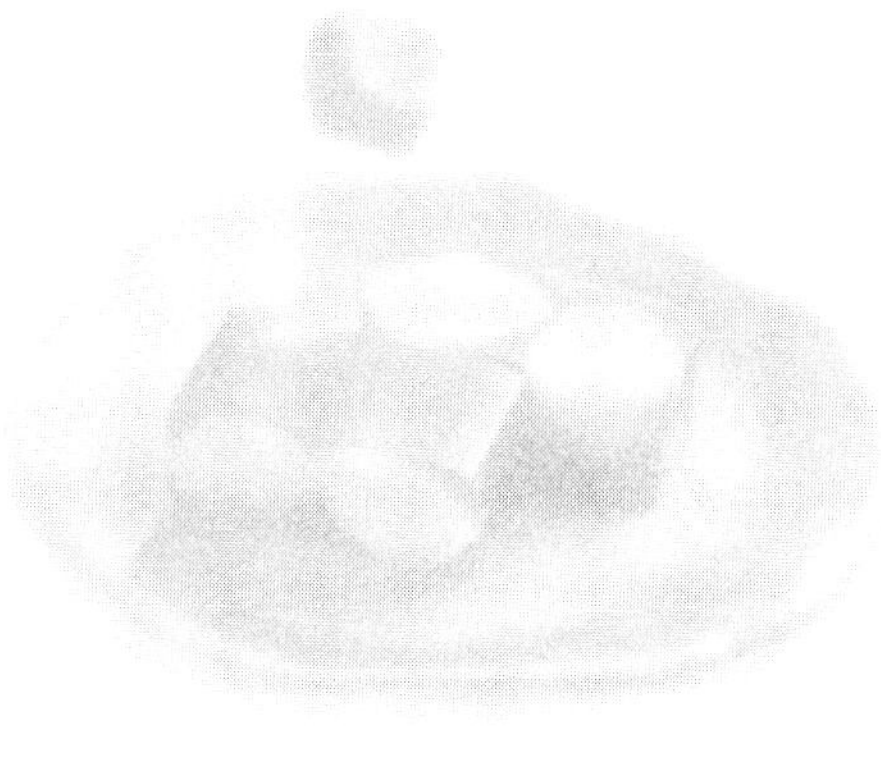

宮中でも愛され続ける塩瀬の饅頭

前にも触れましたが、室町時代には、後土御門天皇から「五七の桐」の御紋を賜りましたが、天皇家では天皇家の御紋である「五七の桐」を、とくに功のあった臣下に下賜していました。この高貴で美しい意匠の御紋をいただくことは大変な名誉で、塩瀬は創業時から天皇家とのつながりが深かったのです。

江戸時代に入りますと、後水尾天皇、東福門院、明正天皇、後光明天皇、後西天皇から常に宮中に召され、寵愛を受けました。とくに、後水尾天皇からは御宸翰、御製の和歌を賜り、「塩瀬山城《やましろ》大《だい》掾《じょう》」と称することを許されたのです。

「山城大掾」とは受領名なのですが、実際には架空の官職でした。

受領とは平安時代中期以降の国司の別称で、律令制による国司の官職名には守《かみ》・介《すけ》・掾《じょう》・目《さかん》という四等官がありました。奈良時代から平安時代前期までは、それぞれの官位に従って職務を遂行する任務があったのですが、律令制の崩壊に伴って実体がなくなり、身分の高さを格付けする単なる称号になってしまいました。

鎌倉時代以降、中世になりますと、朝廷は受領名を職人や芸能者にも授け、拝受した者は特権的立場に立つことができました。さらに江戸時代になりますと、その対象は多様化して、菓子職人にも授けられるようになったのでした。

こうした受領名を持つことにより、箔がつくことになるので、商工業者にとっては、宣伝効果が絶大だったのです。

時代は下って、光格天皇から御宸筆「祇園牛頭天王」の御神号を賜りました。

光格天皇筆「祇園牛頭天王」

このように、朝廷から受領名を許された商人は、宮中が日常、必要とするものを納めていました。こうした商人を、江戸時代に入りますと、「禁裏《きんり》御用《ごよう》」と呼びましたが、京都の「塩瀬」もまたこうした商人でした。「禁裏御用」と呼ばれる商人は、京都の町の人々や同業者から別格の存在だったようです。

大坂夏の陣、家康の危機一髪を救った塩瀬――林神社と家康の鎧兜

さて、奈良に残った林家・南家はその後、どうなったのでしょうか。

江戸時代になりますと、林家・南家はまんじゅう屋を廃業してしまいました。この事実は、南家の末裔である藤林一元氏が、「林家・南家の家系図と藤林家に伝わる古文書をお貸しします」と、資料を風呂敷包みに持ってきてくださったことで知りました。

林家・南家がまんじゅう屋を廃業したいきさつは、次の通りでした。

慶長八(一六〇三)年に征夷大将軍に就任し、江戸幕府を開いた徳川家康は、依然として大きな力を持つ豊臣氏の処遇という問題を抱えていました。そのいっぽうで、関ヶ原の戦い以後、家康に追い落とされた人々は、豊臣家の世継ぎである秀頼に天下の権を返すべきだという主張のもと、ひとつの勢力をつくっていました。

その後の歴史は読者の皆さんもよくご存知の通りで、秀頼は徳川秀忠の娘千姫を娶り、官位も右大臣に昇進するなどと特別待遇を受けてはいましたが、徳川氏への臣従を拒んだために、慶長一九(一六一四)年、家康は豊臣氏の方広寺大仏殿の鐘銘《しょうめい》に言いがかりをつけて、豊臣家を窮地に追い込んだ

のです。

豊臣側は浪人を招集し、家康は諸大名を動員し、開戦となったのが大坂冬の陣。豊臣勢は、難攻不落の大坂城に籠城、徳川勢は大坂城を包囲しましたが、戦線は膠着状態となり、大坂城の堀を埋めることを条件に和平が成立しました。

家康は和平の約定をあえて破り、すべての堀を埋め、城の防御力を奪ってしまいました。外堀だけを埋めるという約定を破った幕府に対して、豊臣側は強く抗議し、内堀を再び掘ったため、翌年元和元(一六一五)年に再戦となり、大坂夏の陣が始まりました。

大坂城周辺の各所で激戦が行われ、豊臣勢は次々に討死にしました。結局は、豊臣側の主力は壊滅し、豊臣氏は滅んだのですが、乾坤一擲《けんこんいってき》、豊臣側の武将であった真田幸村が茶臼山の家康本陣に切り込み、家康が危うくなった場面がありました。そのとき、わずかな手勢を引き連れて家康が命からがら逃げ込んだところが、漢国神社の境内にある桶屋だったと言います。家康は桶の中に忍んで、九死に一生を得たのでした。

翌日、家康は漢国神社に参拝し、御召鎧《おめしよろい》一領を奉納しました。その、家康から納められた鎧、兜、刀、槍を管理するお役目を林家・南家が仰せつかることになりました。漢国神社は、林家・南家がまんじゅう屋を営んでいた林小路の隣にある神社でした。

そして、南家はそのお役目を真面目に果たしたというご褒美で、幕府のお墨付きをいただき、「質権」を授かりました。

以来、南家は質屋業も営むようになり、後々、質屋業が本業となり、まんじゅう屋業とは縁がなくなってしまったのでした。江戸時代が終わり、明治時代になると、質権という制度もなくなり、種々職業を変えたとのことでした。

江戸へ向かった塩瀬、将軍家御用達になる

京都で饅頭商いが繁盛する中で、その塩瀬一族より江戸に下り、新たに塩瀬饅頭の暖簾を構えた人物がいました。その名は、宗需《そうじゅ》といいます。両足院所蔵の古文書「林和靖氏、浄因」の項には、宗味の後代宗需の一族が江戸に進出したことが書かれていました。

また、「饅頭街累代先亡各霊」の項には、江戸塩瀬の先祖である宗需が万治二(一六五九)年三月一〇日に死亡と書かれていました。宗需が亡くなったのが、一六五九年とあるので、当然、それ以前に塩瀬は江戸でまんじゅう屋を営んでいたことがわかります。

一六〇〇年代は、大店がたくさん江戸に進出していた時期でした。平成一一(一九九九)年に閉店してしまった東急百貨店日本橋店の前身であった白木屋が、大村彦太郎によって寛文二(一六六二)年に江戸で創業しました。小間物商から大呉服店となり、町人から大名・大奥までをも顧客とした大店と

して成長したのです。

また、商人の三井高利が伊勢松坂より江戸へ進出し、後に三越となる呉服店越後屋を江戸日本橋に開いたのも、延宝元(一六七三)年でした。やがて、日本橋通りの西側一帯は大きな商店がならぶ繁華街となりました。

一六〇〇年代は、人や物が一気に江戸に集中していった時代でした。こうして塩瀬は、引き続き京都で商い続ける者と、新たに江戸で商いを始める者とに分かれました。

ところで、江戸時代後期、文化・文政の頃に、塩瀬五左衛門という当主がいました。塩瀬に養子に入り、当主となって大いに繁盛させた人物でした。詳しくは本章後半で述べますが、彼が記した『林氏塩瀬山城伝来記』(一八三八年)によると、江戸に下った塩瀬は、徳川将軍家の菩提寺である芝・増上寺の黒本尊《くろほんぞん》の御用を承っていたことがわかります。

黒本尊とは、もと三州桑子明眼寺にあった恵心《えしん》作と伝えられる二尺六寸の如来像のことです。駿府城時代からの家康の念持仏であり、家康が出陣の際はともに戦場へ赴いたと伝えられています。家康の幾多の勝利は黒本尊のご加護があったからと、勝運・厄除けの仏様として江戸時代以来、現在まで広く信仰を集めてきました。

家康が三州桑子明眼寺から申し受け江戸城に移し、奉祀してあったものが、二代秀忠の時代に増上寺に納められました。そして、三代家光の時代に、社殿を建てて祀るようになったのでした。昔は金色に輝いていましたが、長年香煙にいぶされて黒くなったところから「黒本尊」と称され、その黒ずみは、悪事災難を一身に引き受け、厄難から人々を救うという霊験あらたかな仏様である御印であるとされ、増上寺ではこれを最も尊崇していたと言います。

この黒本尊に供える大饅頭を、塩瀬は将軍家より用命されました。これがきっかけとなって、江戸において塩瀬饅頭が寺院の山菓子《やまがし》として多く用いられるようになりました。

山菓子とは、寺院に供える饅頭のことでした。寺にはそれぞれ、「○○山△△寺」という山号があります。たとえば、浅草の浅草寺は「金龍山浅草寺」というのが正式名称であり、増上寺は「三縁山広度院増上寺」が正式名称です。そこで、江戸時代、寺で用いる菓子のことを、山に供えるという意味合いで「山菓子」といったのでした。山菓子といえば、饅頭と相場が決まっていて、現在でも仏事に饅頭を用いるのは、その遺風です。

私は、たびたび黒本尊を拝みに、増上寺に出向きます。ただし、黒本尊のお姿が見られるのは、御開帳のときだけです。現在、増上寺安国殿に安置されている黒本尊は、年に三回(正月、五月と九月の各一五日)御開帳になり、祈願の法要が営まれています。

日本橋塩瀬をはじめ江戸三家、ともに栄える——江戸時代のガイドブックを垣間見る

江戸の町を、江戸城を中心において鳥瞰《ちょうかん》してみると、西に広がる山手の武家屋敷と、東の隅田川をはじめ数々の河川・堀に面した庶民の町(下町)に大別されます。江戸を象徴する町並の特徴は、川・堀の水路網であり、蔵造りの町並と言えるでしょう。

江戸は文化・文政の頃には、一〇〇万人を超える大都市になっていましたが、こうした世界でも有数の大都市になるために、幕府は玉川上水の開削を庄川庄右衛門・清右衛門兄弟に指示したのをはじめ、数々の土木事業を実施しました。玉川上水は承応二(一六五三)年に完成し、江戸の上水道が確保されました。また、関東郡代の伊奈家代々にわたる利根川の改流工事によって、多くの新田が開発され、江戸を中心とする水運網が大きく発展しました。

一六〇〇年代における精力的な土木事業によって、江戸は元禄年間(一六八八～一七〇四)を過ぎたあたりから、都市としての賑わいが見られるようになりました。

その一端を国学者戸田茂睡《もすい》によって書かれた江戸の案内書『紫一本《むらさきのひともと》』から覗いてみます(笹川臨風著『江戸むらさき』一九一八年刊より)。

延宝二年といふと、江戸の文化がまだそろ〳〵芽を出しかける時で、天和元年を去ること六年、元禄元年を去ること十四年前であるが、其時の江戸名物と云ふと、塩瀬の饅頭笹粽、金龍山の米饅頭、浅草木の下のおこし米、白山の彦左衛門のべらぼう焼、八町堀の松屋煎餅、日本橋高砂の縮緬饅頭、麹町の助三ふのやき、両国のちゞら糖、芝のさんぐわん飴、大仏大師堂の源五兵衛餅であつた。紫の一本に「日本橋一丁目塩瀬が饅頭、麹町のふのやきは助三より始りける、池の端のねん安煎餅、本所馬場の葛煎餅、芝の陳三官唐飴、飯田町の壺屋が饂飩」とあるも、略《ほぼ》同時代のことである。（中略）元禄年間の名物になると、（中略）芝田町つるやの大仏餅、茅場町塩瀬、日本橋南一丁目の同店、葺屋町えびすや、駒形布袋屋、同所えびすやの饅頭、金龍山かもとや、同所つるやの米饅頭、浅草文殊院前えびすやのふいご焼、芝田町三丁目きめや長左衛門の桜飴、麹町鎌倉屋のちゞら糖、浅草諏訪町柳屋の麦麩糸桜、湯島天神前の籠素麪《かごそうめん》、大伝馬町二丁目の姫饅頭、麹町十一丁目助三の麩のやき、芝橋車屋のところてん、堺町市川屋、おが丁きりやのけんどん、堀江町若菜屋、本町・新町・出雲町の同提重、堺町祇園屋、目黒柏屋、駒形ひ物屋の奈良茶、鈴木町丹波屋与作の手切そば切、目黒なみやの筍飯、金龍山、品川沢潟屋、同所雁金屋、目黒の食けんどん、北八丁堀藤屋、清左衛門の朝顔煎餅等

（傍点、引用者）

前時代に比すと軒数も品数も増えています。江戸の町が、時代を経るにしたがって賑わいを増して

いく様子が手にとるように書かれています。そして、塩瀬饅頭が江戸グルメに根強い人気だったことも。

私の書棚には、高橋正人著『日本のしるし』という書籍があります。この書籍は昭和四八（一九七三）年に刊行されたもので、家紋のある商家が取り上げられ、細かく説明しているものでした。この本は、母が持っていました。見ると、塩瀬が、当時何という文献にどのように記されていたか簡単に記されていました。

『江戸砂子』

それによると、『紫一本』、『江戸図鑑』、『江戸名物鹿子《かのこ》』、『続江戸砂子《すなご》』、『江戸惣鹿子新増大全』、『江戸名物詩初編』、『江戸買物独案内』などに江戸の塩瀬のことが紹介されていたようです。

これらの書籍は、現在でいうところのガイドブック的なものでした。ここで、当時のガイドブックがどのようなものだったか、簡単に触れておくことにします。私が手に入れた文献のひとつに、『江戸砂子』があります。これを読めば江戸時代の文化・風俗・風土などのおおよそのことがわかるように出来ています。

たとえば、寺・神社については、行事の詳細な説明があり、さらに驚かされたのは、橋の名前が次から次へとおびただしいほど載っていました。江戸には橋がどれほど多かったかということが顕著にわかります。

さて、先に紹介した『続江戸砂子』には、塩瀬饅頭は、江戸名産の筆頭と書かれています。これらの文献を見ると、江戸時代、塩瀬がどれだけ大きく商いを行っていたかがうかがえます。江戸開府にともなって江戸に進出した塩瀬は繁盛し、元禄年間(一六八八〜一七〇四)の頃は日本橋塩瀬、茅場町塩瀬、霊巌嶋塩瀬と三軒に分かれ、それぞれが繁盛していました。京都塩瀬の最後の当主であった塩瀬九郎右衛門が残した文書には、寛政一〇(一七九八)年頃、日本橋塩瀬、新堀塩瀬、京橋塩瀬が「江戸三家」と書かれています。なかでも文献によく名の登場する日本橋塩瀬は二〇〇年近い間ずっと大店であったことがうかがえます。

ところで、江戸時代後期、天保九(一八三八)年刊の『林氏塩瀬山城伝来記』では、日本橋塩瀬の名が消えて、霊巌島南新堀塩瀬、京橋塩瀬、数寄屋河岸塩瀬の名を挙げて「江戸三家」と呼んでいます。江戸時代を通じて、「塩瀬」の店も幾つかの変化があったようです。

常に業界第一の地位にあり続けた塩瀬は、一族のみでなく暖簾分けをした店もあったようでした。

一子相伝を曲げて、ぜひ!!――仙台藩主伊達家の菓子司、明石屋と玉屋

両足院の古文書「九郎右衛門弟子ヲ仙台へ送ル」の項に、次のような文書が載っていました。それは、「元禄十丑(一六九七)年卯月五日塩瀬九郎右衛門、奥州仙台南町玉屋三郎兵衛殿、京烏丸通三条下ル塩瀬家弟子右之通御座候」というものでした。

ここに登場する仙台の玉屋三郎兵衛とは、仙台藩の御用菓子司で、京都塩瀬の当主であった先代の九郎右衛門は、この文書を弟子に持たせて仙台・玉屋へ送り出しました。「この人物が確かに塩瀬の弟子である」という証文でした。

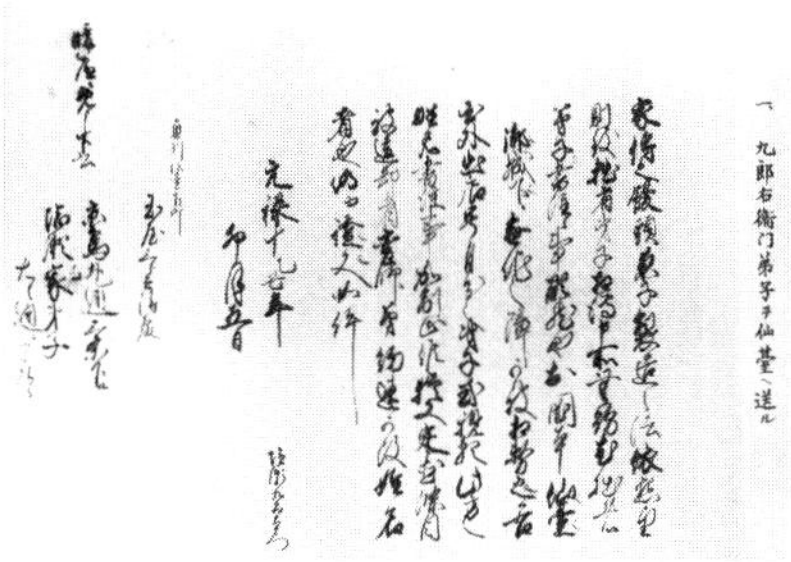

「弟子ヲ仙台へ送ル」

それでは、なぜ九郎右衛門が玉屋に弟子を送ったかというと、察するに、仙台藩の第五代藩主である伊達吉村が、塩瀬饅頭を食べ、すごく美味しいと思い、「この饅頭を仙台でつくれ」ということになったのでしょう。

当時、藩主が食べるためだけにつくられた御菓子を〝お留《とめ》菓子〟と呼びました。玉屋は、塩瀬の饅頭のつくり方を伝授してもらうために、京都塩瀬から弟子の派遣を依頼したく、九郎右衛門に願い出ました。そして、塩瀬の弟子が玉屋に出向いて製法を伝授したことにより、玉屋は塩瀬饅頭、いわゆる〝お留菓子〟をつくることができたのです。

吉村の時代から五〇年経った宝暦年間に書かれた仙台城下の見聞記『仙台風』に、

落雁《らくがん》ばかりは仙台がよし　糒《ほしいい》も名物なり　玉やの塩瀬は田舎には過ぎた物とぞ

と、仙台の名物が記されています。「塩瀬」とは、仙台の辺りでは饅頭の別名になっていたことがうかがえます。

ところで、仙台の塩瀬饅頭の由来については、玉屋のほかにもうひとつ記すべき史実がありました。明石屋という菓子司についてです。仙台藩の御用菓子司は、玉屋と明石屋という菓子司でした。明石屋の先祖は惣左衛門信吉、姓は柴崎といい、播州(兵庫)の明石左兵衛守の家臣で、元和年間(一六一五～二四)に、仙台に来て御用菓子司となり、藩祖伊達政宗公に仕え明石の姓を賜って、以降代々御用菓子司を務めました。

玉屋三郎兵衛とともに、伊達家の庇護を受けた菓子司だったのです。十四代まで続きましたが、昭和二〇年の戦災で消失し、看板を下ろしたと言います。その明石屋の有名な菓子もまた、「塩瀬饅頭」と言いました。この「塩瀬饅頭」も、やはり伊達家のお殿様のためにのみつくられた〝お留菓子〟であったのです。

明石屋の塩瀬饅頭の存在とその由来を知ることになったのは、平成三(一九九一)年一二月でした。ある日、仙台明石屋さんの末裔である渡辺仁子さんからお便りと『霧笛』という本が送られてきたのです。

渡辺仁子さんは文筆家で、『霧笛』という単行本を執筆されました。仙台のこと、俳句、その他さまざまな内容で構成されている『霧笛』のなかで、渡辺さんの実家である明石屋の歴史が書かれており、塩瀬との関係についても触れられていました。

さっそく連絡を取りますと、渡辺さんは塩瀬に見えられ、明石屋と塩瀬の関係について「実は、こういうことがあったんですよ」と詳しく教えてくださったのです。

「へぇー、そんなことがあったの！」と、私には露《つゆ》知らなかったことばかりでした。

それは、伊達家四代藩主、伊達綱村は江戸麻布邸に隠退した後、ことのほか日本橋の塩瀬饅頭を気に入り、ある日、家来に命じてつくり方を教わりに行かせたと言います。しかし、日本橋の塩瀬は「一子相伝」を理由に断りました。二度目も同様で、三度目に切腹覚悟の白装束で訪れたところ、ようやく許されたのでした。

さっそく国元に使者を遣わし、明石屋三代目惣左衛門が江戸に上がり、塩瀬より伝授してもらうことができたのでした。その際、藩主以外の他への寄贈や販売を一切しないという血判による誓約を、明石屋から塩瀬に提出したということです。決死の覚悟で習い覚えた塩瀬饅頭だったのです。つくり方は秘伝中の秘伝で、代々明石屋当主がつくっていましたが、奉公人を雇うようになってからは「決して塩瀬まんじゅうのつくり方を他言しない」という誓約書を取り、血判を押させる「御神文の儀」を行う習わしがあったと言います。

ところが、年月を経るごとに最初の約束は忘れられ、姫君や側室にも喜ばれる茶菓子となり、さらに幕府や公家、諸大名への献上品として重宝がられるようになりました。

こうした逸話からも、江戸時代の塩瀬饅頭は、上流階級に好まれていたということがよくわかります。

明治九（一八七六）年、明治天皇の松島行幸の折、宿泊所の瑞巌寺住職が長旅路のお慰めにと明石屋に使者を走らせ、夜中につくったものを早暁に持ち帰り、温かなところを朝のお茶で召し上がっていただいたということまで、『霧笛』には書かれていました。

明石屋の話を渡辺さんから聞いた時点では、ただそのエピソードに驚きの声をもらしていただけでしたが、先述の古文書「九郎右衛門弟子ヲ仙台へ送ル」を読み返して、はじめて史実が結びつき、仙台の塩瀬饅頭の一連のストーリーが見えてきました。

渡辺さんとのご縁で、知らなかった江戸時代の話を知ることができ、渡辺さんにはお礼を申し上げました。

一般には売らず、殿様だけに食してもらうことを前提に〝お留菓子〟の製法を伝授すると、血判による誓約までさせたというその慎重さに、当時の塩瀬の御用司としての地位の特殊さが見えてくるようです。普通の技術ではつくれない特別さ、それが塩瀬の伝統であり、現在でも塩瀬にしかつくれない和菓子をつくり続けています。

和菓子大店の主は賀茂真淵の弟子となる

江戸時代も中期になると、学問の担い手には公家、武家以外の身分の者たちが登場してきたようです。とくに、『古事記』、『日本書紀』、『万葉集』など、仏教や儒教の伝来前の外国文化の影響を受けていない文献を考証学的方法で研究して、日本民族固有の精神である「古道」を追究しようとした「国学」派では、神官や町人身分の者たちが担い手となっていました。

その国学の創始者と言われる荷田春満《かだのあずままろ》は、京都伏見稲荷神社の神官の子として生まれました。荷田の学問は、遠江国伊場村の賀茂神宮神職岡部家の分家に生まれた賀茂真淵《かものまぶち》によって確立し、その弟子である伊勢国松坂の木綿商小津家に生まれた本居宣長によって大成されました。

この国学の担い手の一人として、京橋塩瀬の当主であった林諸鳥《りんもろとり》(一七二〇〜九四年)もおりました。

通称は「塩瀬和助」と申しておりまして、賀茂真淵の弟子であったということでした。その「門弟録」を調べてみますと、確かに「和助」という林諸鳥の呼び名がありました。先に触れましたように京都塩瀬の最後の当主であった塩瀬九郎右衛門が残した古文書の中にも、「江戸三家」の中に「京橋塩瀬和助」とありました。

賀茂真淵は享保一八(一七三三)年になって家業と学問の生活にピリオドを打ち、京都・江戸に遊学し、各地で古典の講義をしていました。そして、延享三(一七四六)年に御三卿の田安家に和学御用としてつかえた後は、研究に没頭したと言われています。林諸鳥が賀茂真淵の弟子となったのは、延享三年以降のことと思われます。

師であった賀茂真淵は、『古事記』、『万葉集』や祝詞《のりと》の研究を中心に古道を解き明かすことに懸命でした。その師の教えを受けた林諸鳥は、『饅頭博物誌』を読みますと、律令に精《くわ》しく、詠歌を能くし長歌に巧みであったと書かれており、歌集に『続采藻編』、『千種の花』、『近葉菅根集』など、編著に『紀記哥集』、『古人五百首』、『三代八百首』、『紀氏六帳抄』、『鄙百首』を著しました。また、大名家などにも出入して、国文を講じていたことが伝えられております。

また、佐佐木信綱の『ある老歌人の思ひ出』に、藤原葛満《かつみつ》の『熱海日記』に触れた条があり、そこで「日金山頂の十国五島の説明の石の碑の図がある。それによると天明三年八月林諸鳥らが書いたものので、諸鳥は江戸の菓子舗塩瀬の主人ながら真淵の門に入り、紀記歌集二冊を出版し、葛飾の別荘には万葉集の葛飾の歌の碑を建てるなどした風流士である。日金山へはいつか行って碑を見たいと思いつつ、まだ行かずにいる」と述べています。

日金山《ひがねやま》は、十国峠の名で知られています。そして、寛政六(一七九四)年、諸鳥は死んで浅草幡随院《ばんずいいん》に葬られ、長枝という男子がありましたが、文化五(一八〇八)年に世を去ってしまいました。

以上のことが、『饅頭博物誌』に記されていました。

林諸鳥について強い関心を持つきっかけとなりましたのは、昭和六〇(一九八五)年八月に、都立葛飾野高校で講師をされていた鹿児島徳治氏が塩瀬総本家にお見えになったことでした。

鹿児島氏からは自著で、葛飾の名称、地域、葛飾に関わる文学について研究された労作である『葛飾詞花集抄』(一九三四年)をいただきました。氏は、葛飾の歴史を研究していると「林諸鳥」という人物が出てくるので、この人物は何者だろうと調べたら、塩瀬の主人であることがわかったのだとお話されました。

一族の中に、国学者がいたことを知るにおよんで、林和靖や『饅頭屋本節用集』の林宗二につらなる血筋を感ぜずにはいられませんでした。

名所日金山の十国峠へ

平成一〇（一九九八）年二月、画商の大蔵賢氏が「日金山眺望図」という古い絵の裏面に「塩瀬の林諸鳥が……」と書いてあるのを見て、その絵と文章のコピーを持って塩瀬総本家を訪ねてきてくださいました。

十国峠にあるという石碑を見てみたいという気持ちが強まりましたが、石碑の明確な位置がわからないので、困っていました。すると今度は、その画商の仲間で熱海に在住している方がいて、十国峠のことを書いた新聞記事を持っていたのでした。その記事には、筑波大学名誉教授の中田穂史先生の文章で、林諸鳥のことや十国峠の碑、その場所やいわれについて詳しく記されていました。

そこで、十国峠へ向かいました。十国峠は箱根のハイキングコースの中に組み込まれている休憩ポイントで、富士山が展望できる見晴らし台になっていました。この峠は江戸時代、参勤交代で殿様が江戸の方へ向かうときに必ず通るルートでした。

十国峠のドライブインで下車し、ロープウェイで二〜三分傾斜を登り、目的地に到着しました。石碑は、私の想像をはるかに超えた大きさの石で、これほどまで立派な石を一体どうやって山上まで運んだのだろうと思うほどでした。

伊豆国加茂郡日金山頂、所観望者十国五島。自子〔北〕至卯〔東〕、相模国・武蔵国・安房国・上総国・下総国。自辰〔東南東〕至申〔西南西〕其国所隷之五箇島、及遠江国。自酉〔西〕至亥〔北北西〕、駿河国・信濃国・甲斐国。

天明三年八月、東都林居士諸鳥・出雲光英・源清候等、応熱海里長渡辺房求之需建之。

（句読点、括弧内方角を記入）

碑文にはこのように、日金山の頂から展望できる一〇国が刻まれていました。それに触ることができたときに、また林諸鳥との距離が縮まったような気持ちになりました。あのとき、画商の大蔵氏が当社に訪ねてくださらなかったら、十国峠の碑がいまだに存在していることも知らなかったし、ましてや訪れたいという気持ちも湧かなかったでしょう。やはり、見えざる手によって十国峠へ導かれたと思いました。

塩瀬九郎右衛門で京都塩瀬、絶える

京都塩瀬は、寛政一〇（一七九八）年の塩瀬九郎右衛門の死によって、絶えることになりました。両足院の碑文によると、「最終ノ九郎右衛門浄空ハ生来多病妻ヲ娶ラス薄命ニシテ産ヲ失ヒ家族嗣子ナシ　依テ天明七年町中ニ宛タル遺言状ヲ作ル　寛政十年九月六日六十五歳ニテ歿ス　在町内同家ノ土地家屋ヲ遺志ニヨリ町内ニ収得ス」とあります。

九郎右衛門は饅頭屋町にあった塩瀬の屋敷に住んでいましたが、後継者としてその屋敷に住む者がいないということで、饅頭屋町の住民にその屋敷と土地を譲るとの遺言書を残しました。そこで、その屋敷には町衆の西川家が住むようになりました。西川家とは江戸時代後期から明治と各時代にわたって絹羽二重の呉服商を営み、饅頭屋町、七観音町、東洞院通り等に店を構えていた一族でした。九郎右衛門が亡くなり、饅頭屋町の方々が屋敷と土地を譲り受けて以来、その方々は墓守と毎年の法要を営むことを町内で申し合わせて決め、長年にわたり決め事を守ってくださいました。その法要記録が書かれた古文書が残っていました。

毎年の法要には、酒を何合使った、こういう法要だったといった記録が残されていましたが、時代の移り変わりの中で、饅頭屋町の方々もさまざまな住居地へ移るなどで、次第に墓守と法要の営みが難しくなってからは、貯まった会費を両足院に納めて、本書でもたびたび紹介してきた合塔の碑を建て、以後は両足院に委ねて、饅頭屋町の方々からは手が離れるということになったのでした。

九郎右衛門が亡くなって以来、両足院に合塔が建てられた昭和六年までというと、ずっと守ってくれていたということになります。それだけ長きにわたり、法要・墓守を続けてくれていたというのは、並々ならない人情の厚さを感じ、じつに頭が下がる思いでした。

平成四(一九九二)年のこと、九郎右衛門の頃の京都塩瀬がどのようであったかを髣髴《ほうふつ》とさせてくれるような出来事がありました。毎年一〇月一三日に行われる両足院での法要の際、西川幸太郎氏のご参列をいただきました。

西川氏は、以前より自分の生まれ育った饅頭屋町の歴史に興味を持たれており、奈良の林神社に詣でた折に、林浄因と塩瀬家の話を聞き、当家へ手紙を下さった方です。西川氏の本籍を見せていただくと、まさに塩瀬の屋敷のあった場所でした。

西川氏は合塔建立の提案者であった方々のご子孫をご存知とのことで、連絡を取ってくださいました。そして、二年後の平成六年の法要には、合塔建立の発起人の一人である西川忠次郎氏の息女西川晃代さん、饅頭屋町時代ただ一人の住者、中島健太郎氏がご参列くださいました。後日、西川晃代さんよりお手紙をいただきました。

「先日は、御法要に参列させて頂き有難うございました。饅頭屋町の合塔の由来を知り、私の父がその内の一人で名が刻まれておりまして嬉しく存じました。考えてみますれば、お町内の皆様がそれ程までして塩瀬様の事を想い合塔を建てた事は、今では考えられない位の町内の人達の温かい心のやりとりがあり、又塩瀬様の方からも受けたと云う事と思い心にじーんと染み入るものがありました。

心は常にやさしくありたいと思います」

いただいたお手紙にすべてが語り尽くされているように思えました。

さて、話は九郎右衛門に戻りますが、九郎右衛門は体が弱く、妻も娶らず、子供もいなかったので、京都では「塩瀬は九郎右衛門の代で絶えたのだ」と言われ続けてきました。しかし、九郎右衛門の残した古文書には、「江戸日本橋塩瀬清兵衛。新堀同五左衛門。京橋同和助」と「江戸三家」について書かれているところがあり、九郎右衛門が亡くなった寛政一〇年には、江戸に塩瀬三家が栄えていたことは先に述べたとおりです。

江戸時代後期の塩瀬中興の祖、塩瀬五左衛門

この章の前半で紹介しましたが、江戸後期の塩瀬に塩瀬五左衛門という人物がいました。塩瀬中興の祖と称され、後に一道と号しました。塩瀬五左衛門は天保九(一八三八)年に『林氏塩瀬山城伝来記』を著していました。

この『林氏塩瀬山城伝来記』によると、店は江戸霊巌嶋にあり、五左衛門は安永七(一七七八)年に常州(茨城)竜ヶ崎に生まれ、文化一四(一八一七)年に養子に入って塩瀬の店を繁盛させたと言います。大いに精励し、十数年の間に前、袖、奥と三戸前《みとまえ》の土蔵を建て、仕入はすべて現金で年に千両、文政

六(一八二三)年から天保八(一八三七)年までの一五年間に、毎日少しずつ積んだ金が千三百五十両。これを工場や塩瀬帛紗の店、饅頭店舗の改修費に充てたとのことでした。

『林氏塩瀬山城伝来記』には、江戸期の塩瀬の様子がさまざまに描かれています。たとえば、当時塩瀬を名乗っている店は霊巌嶋南新堀塩瀬、京橋塩瀬、数寄屋河岸塩瀬、京都塩瀬、奈良塩瀬、奥州塩瀬がある、と記していました。

五左衛門は当時これだけの塩瀬があると思っていたようです。しかし、実際には、すでに京都塩瀬は絶え、奈良塩瀬(林家・南家)も廃業してしまっており、また奥州塩瀬は前述のとおり、塩瀬が伝授した饅頭をつくっていた菓子店が仙台にあったということでした。

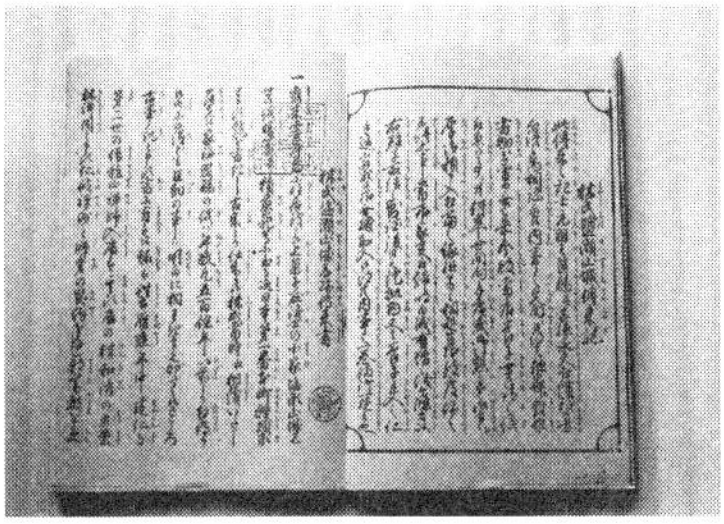

『林氏塩瀬山城伝来記』

また、江戸時代には常夜灯という一晩中つけておく灯火がありました。今でいう街灯のことでしょうか。この常夜灯を五左衛門が寄付しているとの記録が書かれています。江戸の大火の際には、五左衛門は火事を免れ、焼け出されてしまった人にお米を振る舞いました。自分が大火を免れたのは、常夜灯を寄付したことで神仏の御加護にあったのではないかと述べていました。五左衛門は信心深い人であっただけではなく、同時に常夜灯を寄付し、皆にお米を振る舞えるだけの財力があった商人だったのです。

当家に届いた塩瀬五左衛門の肖像画

現在、家宝のひとつに塩瀬五左衛門の肖像画があります。これは、もともと塩瀬家に古くより伝わってきたものではなく、この肖像画にも私にとって忘れられない出会いが宿っています。

平成元(一九八九)年一月一一日、昭和天皇崩御の折、『朝日新聞』に「昭和そのとき」という記事で、天皇にかかわる思い出として、私の談話が掲載されました。この記事の掲載から数日もおかないうちに、「じつは当宅に塩瀬五左衛門の肖像画があるのですが、塩瀬さんと関係がありますか？」という電話がありました。電話の主は、鳥取県で古物商「さかい洞」を営む酒井紘一郎氏で、「昭和そのとき」の記事がたまたま氏の目に止まったのでした。

「本当に、塩瀬五左衛門の肖像画があるのですか？　塩瀬五左衛門は確かにうちの先祖です」

私は両足院の古文書に「江戸三家に新堀塩瀬五左衛門」と書かれてあること、五左衛門が『林氏塩瀬山城伝来記』の著者であることをお話しし、ぜひ肖像画を譲ってくださるようお願いしました。すると、酒井氏はさっそく上京され、その肖像画を持参してくださったのでした。

肖像画には、「霜雪にいろわかはらぬ松がえのみどりにちきる千世の行来」と和歌が一句詠まれ、

「江戸天保十五年年齢六十六歳　塩瀬五左衛門」と書かれていました。五左衛門さんの姿が、なんとも立派に描かれているところを見ると、相当な方であったろうことは想像がつきました。

その五左衛門の肖像画がめぐりめぐって私の元に届いたというのも、じつに面白い縁です。一五〇年の時を経て、お姿に対面できるとは。そんな思いもかけない嬉しさに、肖像画を見て、「よくぞおいでくださいました」と無意識のうち手を合わせていた私がいました。

五左衛門さんの肖像画を持ってきてくださった酒井氏の奥様が、なんと五左衛門と同じく竜ヶ崎の出身で、当地の旧家から買い取った古物のなかに、この絵姿が紛れ込んであったのだと言います。

五左衛門の肖像画

五左衛門は、実家の竜ヶ崎の父母が死去し、続いて実兄が死去したため、実家の名跡の絶えるのを惜しんで、塩瀬に養子を迎えて継がせ、竜ヶ崎に帰ったのでした。

江戸時代末期の御菓子業界事情と塩瀬

和菓子は味覚だけではなく、視覚でも楽しめるものでなければなりません。見本帳とは、御菓子のできあがりを絵図で示したカタログのようなもので、赤や黄、紫にと見本帳に描かれている御菓子の意匠は色鮮やかで、形も美しいです。

私ははじめてこの見本帳を広げて見たとき、その美しさにハッとして、しばらくは目を奪われたままでした。江戸時代末期には、饅頭のほかにすでにこのように凝った御菓子がつくられていたのです。

江戸時代は、食文化が急成長した時代で、「食」に豊かさが生まれ、庶民が食生活を楽しむという風潮が見られるようになりました。数々の料理屋が生まれるなかで、料理本の出版も見逃せません。

江戸前期は、料理人が読む専門的な料理書が中心でしたが、後期になると一般の人が読んでも面白みのある、料理本が数多く刊行され、評判となったのでした。ブームとなった『豆腐百珍』は一〇〇種の豆腐献立を紹介するとともに、料理のランク付けといった遊びの要素が盛り込まれ、人気シリーズとして続編や「百珍物」というジャンルを生み出しました。

料理を、絵図や文字で見るという楽しみまで出てきたのでしたが、御菓子の見本帳もそうした料理文化のひとつの形であったのではないでしょうか。庶民が楽しみ、ゆとりある生活を営んでいたであろう江戸時代の様相が見えてくるようです。

ところで、塩瀬には江戸時代末期の注文書が残っています。汚れてしまっていたり、くしゃくしゃになってしまっていたり、なかには反古《ほご》のようなものもありますが、それらをひとまとめにして保管しています。

その書付けには、大名家の正月祝いの献上、法事等で購入された注文書が残っています。

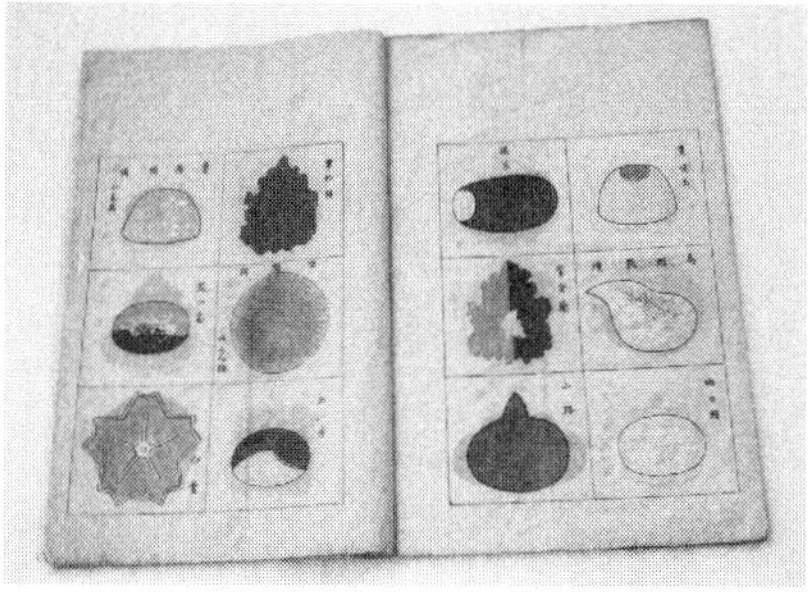

菓子見本帳

このように、塩瀬の饅頭や和菓子は一六〇〇年代に江戸に出店して以来、上流階級のための限定販売から始まり、その後も朝廷や名だたる大名に愛されてきたという流れで商売をしてきました。京都・饅頭屋町の時代も一般庶民の口に入るのは難しかったと思います。

江戸時代は、庶民の食文化が栄え、町には飲食店が軒を連ねたと言いますが、一七〇〇年代初期は、江戸の町に饅頭の店売はほとんどなかったようです。それは、『反古染《ほごぞめ》』(発刊未詳、『続燕石十種《えんせきじっしゅ》』より)に、「享保の半頃迄、饅頭の店売などさして之無く、壱分饅頭、一分饅頭とて誂へしに」とあることでわかります。

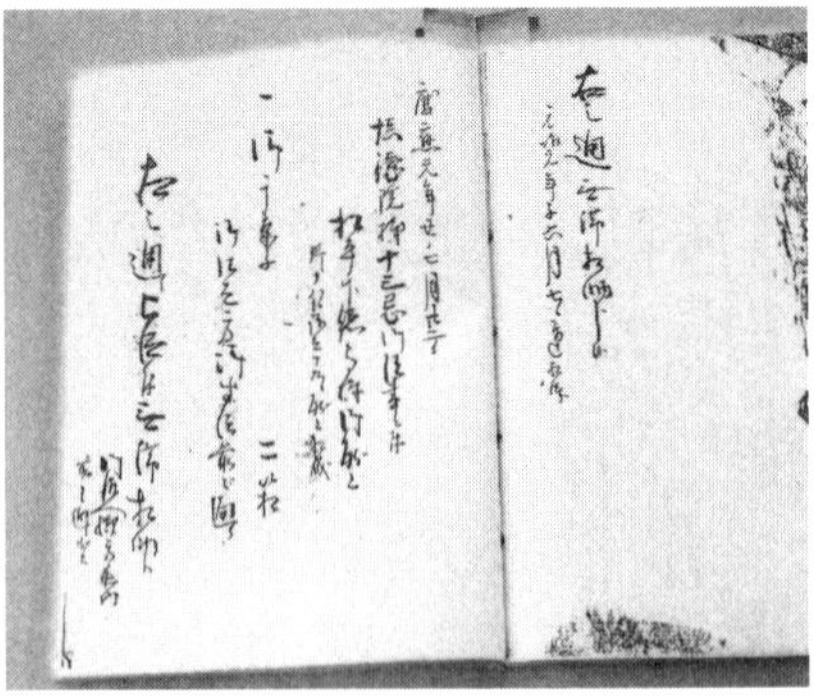

献上菓子注文書

饅頭を必要としたときには、御菓子屋にその都度注文するというしくみになっていました。同文献によると、あまり店売のなかった饅頭ですが、享保一五(一七三〇)年の頃に象が渡来したことにより、安価な饅頭が一般に出回るようになったと書かれていました。

なぜ、象の渡来が関係したかと言いますと、象の食べ物が餡なしの饅頭だったからでした。象の来日を機に、象の餌用に餡なし饅頭をつくったことがきっかけになったということでした。

新興和菓子屋が江戸の町に軒を連ねるようになったのは江戸中期以降で、従来、主に薬用として使われてきた砂糖が、江戸の食生活が発達するにつれて、徐々に食用として使われるようになってきたことが関係しているように思います。

砂糖の存在が御菓子の歴史を大きく変えました。装飾を凝らした献上菓子から大福、桜餅、柏餅、今川焼き、すあま、五家宝《ごかぼう》、おこし、煎餅、栗羊羹や柚《ゆず》羊羹、芋羊羹などの大衆的なものまで、多くの種類がつくられ、江戸の御菓子文化が花開いたのでした。

それでは、果たして庶民行き交う江戸の町での饅頭商いは、どうだったのでしょうか。塩瀬の饅頭は風味よく、蒸し加減ちょうどよく、さらに「塩瀬帛紗」を販売していたこともあり、上等菓子という位置づけであったことは紛れもないことでした。

上等菓子には当然、白砂糖が必要です。この時代、御菓子屋の命運を握ったのは、白砂糖でした。塩瀬でも当然、白砂糖をいかに確保できるかに商いの勝負がかかっていたのでした。代々、塩瀬の饅頭はこし餡を包んできました。こし餡はつぶし餡に比べて、手間ひまもかかり、皮を取り去らねばならない分、材料費もかかるので、当然コストも高くなりました。

一七〇〇年代半ば以降に町のあちらこちらで売り出された安価な饅頭は、中に詰める餡もバラエティーに富むようになり、種類も幾つか生みだされていきました。つぶし餡、小豆以外の豆を材料とした餡などが出回ったのではないでしょうか。一七〇〇年代前半からは「きんつば」や「どら焼き」の店もあったらしく、新興和菓子屋が安さで勝負をかけるなかで、塩瀬は塩瀬なりの饅頭商いを続けていたのではないかと想像しています。

「暖簾は守らねば」、江戸最後の当主、池田徳兵衛

江戸時代は、火事がとても多かったので、「火事とケンカは江戸の華」と言われるくらいでした。江戸期のことをもっともっと知りたいと思うのですが、度重なる大火のため、また後の時代の震災、

空襲などの戦災により、史料も残っていないありさまでした。同じく被害にあった寺院の移転も相次いだため、お墓の場所もつかめない状況です。江戸期の塩瀬家系図などといった史料は、江戸の大火で焼けてしまったのではないかと思います。

さて、江戸時代最後の当主についての史料があります。それは、池田徳兵衛と言います。江戸末期より明治一八(一八八五)年まで当主を務めました。その墓は、世田谷の善宗寺にありました。池田徳兵衛についての業績を調べた文書があるので、ここに紹介します。

江戸後期より明治初年前後、天下騒擾のときに当り、塩瀬の当主として奮斗し明治十八年甥の仁《に》木準三《きじゅんぞう》に名跡を譲るまで、後年塩瀬隆盛の基礎を築きたる人にして、生年は詳ならざれど、凡そ天保元年より十年ごろに生まれ、明治四一年死去せり。戒名は宗寿と云う。

当時、店は数寄屋河岸(京橋元数寄屋町)にあり、後地名が有楽町となる。菩提寺の「善宗寺」は世田谷区上野毛四丁目二五の二に在って、明治七年目から先祖累代の墓を建立し、明治十二年十二月二一日徳兵衛氏母堂の霊を、明治三四年には塩瀬有楽町店雇人・郷倉亀吉と申す者の霊を祀る。

過去帳には、明治十二年十二月二一日、池田徳兵衛母七六歳・戒名宗泰。明治四一年一月十二日池田徳兵衛・戒名宗寿。明治四一年三月二二日池田徳兵衛妻・戒名貞寿と記してある。

同寺は真言宗門徒派にして現住職は第十三世成と云う。凡そ五百年ぐらい前に発祥し、昭和二年まで築地四丁目に在りしが、区劃整理のため現住所に移る。遺骨、墓石など皆移転し、貨物自動車百数十台を動員したりと云う。

池田徳兵衛氏の建立した墓石は同寺境内の東北隅に在りて永く参詣の人とてなく、全く無縁仏となり果てて居りたり。なお氏の前代などを調査いたしたるに大正十二年九月一日の大震災の時一部を消失したるため判明せず。

この記録は、塩瀬三十一代当主渡辺利一《りいち》の三男、六郎兵衛が調べたもので、江戸後期の当主塩瀬五左衛門が『林氏塩瀬山城伝来記』に「数寄屋河岸塩瀬」があると記していましたが、この数寄屋河岸の塩瀬が江戸末期に池田徳兵衛が継いだ暖簾でした。この塩瀬が後に父が当主となる有楽町の店となるのです。

第5章　御菓子の神様と呼ばれた父、そして母

〜和菓子の老舗として、宮内省御用達として〜

世の中は家庭が基礎、だから家庭教育はとても大切

父は根っからの菓子職人で、そんな父を経営面や営業面でサポートしていたのが母でした。父が頑なな職人気質のこだわりを貫き通すことができたのも、母がしっかりと塩瀬の屋台骨を支えていたからでした。私が見てきた父母の姿は、いつも真摯に御菓子商いに取り組んでいる姿だったのです。

私の家は商売でとても忙しい家でしたから、私は祖母にしつけられました。祖母は大変厳しく、礼儀作法はもちろんのこと、掃除、料理、裁縫など、女性としての嗜みをしつけられました。さらに、お稽古事も三味線、浄瑠璃、日本舞踊を習わされまして、いまで言うところのピアノやバレエのようなものでした。昔から大店の商人の家では、芸事をさせるのが一般的な慣わしでもありました。

祖母のしつけとは、花嫁修業の一環で、たとえば掃除でしたら、総檜《ひのき》の祖母の家の柱、鴨居、廊下の雑巾がけはほぼ毎日行う決まりでした。「大黒柱を拭くのは嫁の仕事」と言われて、女学校から帰ってくると、大豆のとろりとした煮汁でよく大黒柱を拭いたものでした。掃除の後は料理で、煮物からぬかみその漬け方に至るまであらゆるものを教わり、裁縫でしたら着物から洋裁まで一通り習いま

した。

母のもとへ帰ると、今度は母の教育が始まります。母は口数が少ない女性でしたから、私は母の姿を見ながら、挨拶や電話の取り方、口の聞き方を学んだものです。「言葉には気持ちを込めること、真っ先に『ありがとうございます』を言うこと、これが商売繁盛のコツよ」と教えられました。

商売を通して、母は私を育てようとしました。「骨が折れるのが商売。楽して金儲けはできないよ」と怒鳴られ、「なんでも物事は最大限に努力すること」という教えを植え付けられました。ですから、私は何事も一生懸命やらねば気がすまない性質になったのです。

長生きしておりますから、これまでの人生でたくさんの経験を積んでまいりましたが、私の考え方の根底には、両親や祖父母から聞いた教えがまずあります。そして、それらの教えを土台にして、自分の経験などいろいろな要素が入り込んできて、体に染み、私の考え方が形成されました。

多くの方にとっても己の考え方は、父母から教わった知恵と知識に、自分の経験が加わることでつくられるものだと思います。そして、両親の考え方は、そのまた父母から教わった知恵と知識が入り込んでおり、つまりは親から教わることは、ご先祖様からの長い連続の上に養われてきた知恵と知識ということになるのです。

人間はたった一人で、己の考えが出来上がるものではありません。人間の人格形成には、まず家庭での教育がとても大事になってくると思います。子供のためには、お父さん、お母さんがしっかりしなければならないし、その後衛にはしっかりしたお祖父さん、お祖母さんの存在が必要になってくるのです。

家庭が基礎単位となって、社会となり国家となるわけですから、基礎である家庭が崩壊していましたら、良い社会にはならないし、良い国家にもなりません。そして、家庭をつくるということは、結局は夫婦がきちんとしていなければいけないということなのです。

結婚して子供ができたら、人間としてどういう風に育てていくかということを考えること。無責任でいい加減に育てれば、不幸にもいい加減に育ってしまうものです。また、きちんと育てているつもりでも、たとえば親の見栄や体裁のために一流の学校に入れたい、そのために子供に「勉強、勉強！」と強制するような、自分本位の育て方はとてもよくありません。「勉強、勉強！」というのも結構ですが、まずは子供のために人間としての基礎的なしつけを教えなければなりません。

昔は、親を尊敬し、兄弟は仲良く、隣人とも仲良く、公共的な仕事をし、勤労奉仕の心を持て、感謝の心を持て、といった教育は四六時中なされていました。現在、こうした教育が欠けているように思われます。人生経験を積んだ私たちからしてみれば、言うまでもない当たり前のことであっても、最初に教わってこなかったならば、知らないままに大人になってしまうんです。それは教えなかった親の落ち度であり、現在の日本はこうした根本的なところが欠けているように思います。とても、残念なことです。

饅頭の運命は波乱に満ちて——うら寂しい有楽町が変身を遂げる

明治・大正期の塩瀬の当主には、仁木準三、そして渡辺利一が名を連ねています。仁木準三の時代に、商売は難局を迎えました。

大正一〇(一九二一)年、準三が亡くなった翌年に、利一は当時、神楽坂塩瀬の経営を任されていた渡辺亀次《かめじ》郎《ろう》を、本店である丸の内塩瀬(江戸期の数寄屋河岸塩瀬)に呼び寄せて、その経営を任せる旨を言いつけました。

数寄屋河岸塩瀬

この渡辺亀次郎が、私の父でした。落ち込んでいた塩瀬では、亀次郎が職人としても経営面でも指揮を執り、目を光らせることになりました。番頭格であった亀次郎は、本店の基盤をしっかりと固め、塩瀬の歴史ある暖簾を次第に挽回していきました。

勢いを盛り返してきた塩瀬の商売展開は、昭和二(一九二七)年、有楽町一丁目に二〇〇坪余の五階建ビルを建築するまでの回復をみせたのでした。亀次郎は、

「有楽町には俺の霊がでるぞ」とよく言っていました。おそらく有楽町には追い詰められるような必死な思いが染み付いていたのでしょう。

丸の内塩瀬は、現在の有楽町電気ビルが建っている場所にありました。江戸時代の頃の有楽町は御濠内の一村に過ぎず、夜は野犬の跡も絶えるような寂しい場所柄でした。数寄屋河岸一体は魚河岸《うおがし》で、数寄屋河岸から御濠の方向へは、葦がぼうぼう茂っている原っぱだったのです。その有楽町が村から町へと発展していくにつれて、丸の内塩瀬もますます目覚ましい繁盛ぶりが見られるようになっていきました。亀次郎が丸の内塩瀬を五階建ビルにした当時、有楽町界隈で民間で鉄筋のビルを建てたのは塩瀬が最初であり、とても話題になったものです。

仁木家、渡辺家の菩提寺である来福寺の「林浄因之碑」には、「大正一四年、東京丸の内・塩瀬総本家　渡辺利一、渡辺亀次郎」を筆頭に当時の塩瀬が二七店舗記されていました。当時は暖簾分けが大々的に行われていたということを物語っています。

しかし、戦災や後継者がいないといった理由、その他さまざまな事情によりこれらの店舗は年々減っていきました。また、亀次郎が「暖簾分けはするな」という遺言を残して以後は増加していないので、現在は荏原塩瀬、保谷塩瀬、嬉野塩瀬の三軒を数えるのみで、それぞれが独立した御菓子屋として営業しています。

「材料落とすな、割り守れ」――御菓子の神様が鬼になるとき、新たな活気が

渡辺亀次郎は、富山から出てきて職人として奉公で塩瀬に入りました。若い頃、富山の金融業に奉公しましたが、借り人から取立てる仕事がつらく、雪深い富山を離れ、東京へ出てきたのでした。塩瀬に入店した当時、塩瀬には約一〇〇人の職人がいましたが、亀次郎は勤勉であったので、番頭格となり、重用されることになりました。そして、三十一代当主・渡辺利一の妹タネと結婚し、大正一〇(一九二一)年から実質的に経営を任され、後に三十二代当主となりました。

亀次郎は修業のために全国の有名菓子店を転々とした時期もありました。住込みで働いては各々の製法を習得し、腕を上げていきました。修業を終えると、亀次郎はその方々で磨き上げられた技を塩瀬に持ち帰り、現場で存分に腕を振るったのでした。カステラが初めて東京でつくられ、売られたのも、この亀次郎の所為です。亀次郎は、長崎の福砂屋さんに住み込んでつくり方を習得したのでした。

亀次郎は和菓子職人の間で、「御菓子の神様」と呼ばれるほどの菓子職人となり、その厳しさもつとに有名となりました。職人仲間の間では、「塩瀬に行こうか、死のうか」といった合言葉があったほどでした。亀次郎のもとで修業に耐えた職人は一〇〇名ほどで、たくさんの菓子職人が父のもとで厳しく育成され、巣立ち、その後、全国にちらばって御菓子屋を営んだと聞いています。

菓子一筋に生き抜いた父のいつもの口癖は、「材料を落とすな、割り守れ」という言葉でした。塩瀬饅頭の皮は、米の粉にいくらかの砂糖を入れています。その米の粉と砂糖の割合のことを「割り」と言います。また、中に入れる餡の砂糖の割合のことも指します。割りが少しでも変わると、味が変わってしまいます。材料そのままに、割りを守って伝統ある塩瀬のうまさを大事にしろと父は常に言っていたのでした。

材料がもし足りなかったら、代わりのもので代用するのではなく、売り止めにします。変なものを売るより、売り止めにすることを徹底しているのです。分量を少しでも変えてしまうと、それは塩瀬の御菓子ではなくなってしまうからです。

父の手の感触を、私はいまでもよく覚えています。食紅が染みついていて、手筋は磨耗していて、触ると驚くほど柔らかでした。たとえるなら、「ういろう」のような柔らかさで、菓子職人とは、力仕事だけれども、こんなにも器用で繊細な手を持っているものかと感心したものです。

宮内省御用達であった塩瀬総本家

宮内省御用達許可書制度の発足は明治二四(一八九一)年で、塩瀬総本家は「明治三一年菓子商仁木準三」と書かれており、菓子商としては風月堂の米津恒次郎氏と並んで最初でした(倉林正次監修

『宮内庁御用達――日本の一流品図鑑』）。

ただし、明治五（一八七二）年に宮内省からのご注文を賜っており、また明治二三（一八九〇）年に刊行された『東京買物独案内』というう当時のガイドブックには、「京橋元数寄町林氏塩瀬」と掲載されていますが、そのガイドブックに紹介されている店の中で、塩瀬だけが宮内省御用達と書かれていました。

宮内省御用達制度が発足したのは明治二四年ですが、塩瀬はその前年に刊行されたこの書籍ではすでに宮内省御用達と書かれていることからも、古くから天皇家、皇室に出入りしていたことは、広く知られていたことになります。塩瀬は江戸時代に引き続き、明治になっても御所との関係は深かったのです。

明治二（一八六九）年に宮内省は生まれましたが、宮内省では当初、優秀な商工業者は許可書の類なしで出入りが認められていました。ところが、宮内省御用達だと偽って宣伝し、営業する業者が氾濫してしまったために、その取り締まり対策として、明治二四年に宮内省御用達制度が設けられたのでした。

これにより、宮内省への納入は厳しく取り締まられ、納入業者には正式に称標許可が与えられるようになったのです。しかし、制度が誕生し、取り締まりが厳しくなっても、「御用」の文字の濫用は減るどころか増える一方でした。それだけ「宮内省御用達」は社会的に信用ある資格だったということです。

宮内省御用達制度は戦後、宮内庁御用達と名を変えて、昭和二九(一九五四)年まで続きました。

ところで、父・亀次郎は宮内省の大膳寮へよく召され、御菓子をおつくりしたり、祝宴の用意をしたりしておりました。明治天皇や昭憲皇太后にも可愛がられ、御用の済んだ後、よく昭和天皇のお相撲の御相手をさせられたと話しておりました。私が娘の時分は、お正月に宮中へ父とお年賀に行き、大膳寮でおせち料理をご馳走になったものでした。それほど、父の腕は信頼されていたのだと思います。

また、昭和二二(一九四七)年のことです。私が結婚したとき、終戦後でまだ物資が少なかったにもかかわらず、父は小豆と砂糖を工面して二見ノ浦の祝い飾り菓子をつくってくれました。久しぶりに父が腕を振るった見事な御菓子を見た参列者の皆さん一同、おすそ分けを楽しみにしていたところ、父は「久しぶりにつくった御菓子だから明治天皇にさし上げるのだ」と言って、明治神宮の御神前にそっくり持っていってしまいました。

皆さんはがっかりしてしまいましたが、父は明治天皇、皇太后を祀る明治神宮への崇敬の念厚く、御神饌《ごしんせん》を真心つくしておつくりしていたのでした。この亀次郎の心意気を受け継ぎ、現在も御神饌の御用を承っています。

宮内省大膳寮の方々と父は頻繁に行き来をしていました。大膳寮の方が、塩瀬に遊びに来られたときは、本格的なカレーライスやハヤシライス、ハンバーグから魚の下ろし方、煮物まで料理を実際につくりながら教えてくださったものです。懐かしく思い出されます。

塩瀬総本家主人監修の『素人菓子製造法』なる書籍

現在、書店に行きますと、家庭料理や御菓子のレシピ集はあまた刊行されて、手にとるのも億劫になるほどです。ところで、明治の時代、塩瀬総本家が関わったレシピ集が刊行されておりました。発行は明治四〇(一九〇七)年一〇月一〇日で、書名は『素人菓子製造法』(出版協会発行)というものでした。私の手元にあるこの書籍は、塩瀬を愛してくださっているお客様よりいただいたものです。古い書籍を整理していたときに出てきたそうで、表紙には「塩瀬総本店主人校閲」と明記されておりました。この場合の「校閲」とは、現在でいうところの「監修」という意味だと思います。

この書籍は、菓子のレシピ本のはしりで、この時代にこのようなものがあったのかと、読み進める手がとまらなくなってしまうほど、じつに興味深い内容でした。『素人菓子製造法』の凡例をここに記しておきます。そのコンセプトは、現在刊行されている類書と何ら変わるところがありません。

凡例

一　本書は家庭の製菓を旨としたれば簡便と実益を主として其余のものは勉めて記載せず。
一　分類等も唯読者の索引に便なる如く敢て専門のそれに習はず尤も見易きにあり。
一　原料と道具の如きも尤も普通に求めらるゝやう出来る丈《だけ》簡法を用ひたり。
一　西洋菓子は和菓子に比して製法も困難なるもの多けれど可成《なるべく》出来易きものと簡法と思ふを記載したり。
一　本書の如き小冊子にては製菓上の知識を遺憾なく網羅するには隔痒の感あれど、そは他日改めて校を起すことゝすべし。
一　本書を編纂するに当つて最近の製菓書を参照して余すところなく且加ふるに斯界の名家塩瀬主人の助言に依るところ多きは謝するに余りあるところなり。

その目次を記すと、次の通りです。

家庭と菓子／菓子と衛生／原料と道具　(和菓子)餡の拵へ方／飴の拵へ方／羊羹の拵へ方／餅のくさ〳〵／饅頭の拵へ方／松風の蒸し方／時雨の蒸し方／求肥もの／落雁の拵へ方／おこしの拵へ方／煎餅のやき方／焼物菓子／最中の拵へ方／打物菓子／砂糖もの　(西洋菓子)アイスクリーム／カ

ステーラ／ワアーフル／ジャム／マシマロー／チョコレートクリーム／ドロップス／バターケーキ／カスタード／プッチング／アップルパイ／タートレエッ／メレンケパップ／ハクスコッケ／スイーケーキ／ヘンガケーキ／デセル／コンスタンチクリーム／ライスプリン／コンスタンチアリン

では、本文はどのように書かれているのか、「家庭と菓子」の項をあげることにします。

円満なる家庭は、誰人も希望するところでありますが、それはどうしたら得られるか。表面許《ばか》り美くしい、理窟づくめのものであつても、真の幸福は得らるゝものでなく、心から楽しく平和でなくてはならぬ。これには実益と趣味の添ふのが尤も力のあることゝ思ひます。（中略）家庭と製菓の如きも、一些事のやうではあれど、日常のことであつて見れば、影響するところも少なくない。第一普通菓子屋で買ふものよりは、材料を撰ぶことが出来、駄菓子類にはよくある有毒物の危険もなく、

『素人菓子製造法』

糖分の配合も、至極衛生的にできる。且又形状や配色や意匠からいつても、一種の美術的製作物で、人の眼を喜ばせ、心を楽しませることは、絵画や彫刻に似たところがある。芳香や甘味は爽感を与へて、食品中の尤も美くしいものである許りか、浪費を省く点に於ても、慥《たし》かに一得で、わけて子供のある家庭などは教育上に都合よいことゝ思はれるのであります。

明治四〇年代に書かれたものでありながら、内容は現代に通じるところが多く、たとえば売っているものを食べるよりも自分の家でつくったケーキのほうが安心で衛生的、といったことが書かれていました。

この当時から食の安全性について説かれていたのかと驚き、感心してしまいました。アイスクリームやケーキのレシピ、お菓子全般についての知識も得られる本で、読んでいると明治時代の生活の香りがしてじつに楽しいものです。

『女官物語』にみる明治・大正時代の塩瀬

『饅頭博物誌』のなかに、明治・大正時代の塩瀬の様子を記したものとして、大正元(一九一二)年刊、斎藤渓舟著『女官物語』が取り上げられています。

近年女官の中にはお公卿華族出身でなくして、普通の士族の家から出た婦人もぼつぼつある。（中略）しかしながら女官の大部分はむろん京都出身である。それに常に宮中の別天地にある身の、東京などのことを詳しく知ろう筈もないので、生れ故郷の京都を以て何事にあれ天下第一と心得ておるのは無理のないところである。で、女官たちは衣類調度の類、食味の果てに至るまで京都を以て最上最高位の標準としている。（中略）こういう風で女官は時により折に触れて、かって口馴れた京都の菓子とか、果物とかいうようなものまで、取寄せて珍重する風がある。（中略）菓子のごときも、女官たちは東京のより京都のを好む。しかしそれは確かに東京風のと京都風のとを味わいにおいて食べ分けるわけではない。だから東京の菓子でも、これは京都製だといって差出すと女官たちの多くは「そうと見えてお美味うおすな」というくらい罪がないのである。

元来大奥に納める菓子は、東京では塩瀬と黒川が専ら御用命を承まわっているのであるが、どちらの菓子屋にも、その得意とするところ特色とするところ及び家伝とするところがあって、塩瀬の物は黒川が真似が出来ず、黒川の物は塩瀬が真似出来ず、といったようにたがいに得手々々があったものである。然るにあるとき、この塩瀬の近辺に流行病が発生したことがあって、一寸塩瀬からその製品の納入を御遠慮中上げたことがあった。ところが大奥ではハタと御用に差支えを生ぜられて、今までの塩瀬のような製品を黒川から上納させようとしたけれども、各製品の特色があるので、とても黒川では塩瀬のようなものが出来ない。

すべて大奥におかせられては、たいていの事は前例とか古習とかいうものがあって、俄《にわ》かに旧を捨てて新を採られるという事もない。旧は旧で差支えさえなければ旧そのままで何時までもその風に従うという習わしがあらせられる。これがまた宮中の御習慣であって、自然畏《かしこ》き辺《あた》りの大御心にも協《かな》わせられる美風である。さればかかる些々たる御菓子のことと雖《いえど》も、その色合、味わいの加減、形状など、にわかに変るということは甚《はなは》だ困る次第であるから、大奥でも多少御当惑あらせられておいでになるということを、ほのかに洩れ承まわった塩瀬の主人は非常に感激して、すべて特色とか家伝とかいって誇っているのは、これは私のことである。今日大奥でお困りあらせられるというのを聞いて、そのまま知らぬ顔をしているのは、如何に利益を専一にしている商人と雖も、それではお上に対して甚だ恐れ多い次第であるから、自分方から納入するほどの菓子の製造方法、加減、秘伝などという事はすべてこの際黒川に伝授して、自分方と同様の物を上納してこそ、平素の恩顧に対し奉り万分の一の真心を奉ずるところであると、塩瀬はこのとき黒川に対して悉《ことごと》く製造の方法を明かしこれに依って謹製してお菓子を上納したが、それは如何にも塩瀬の製品そのままであったので、大奥でもすこぶる御満足であったとのことであるが、ここに唯一つどうしても塩瀬のような加減に出来なかったものがあった。それは塩瀬の珍菓紅白時雨羹である。これは黒川において、塩瀬から伝わった通り、寸分違わぬ方法によって入念に製してみたが、どうもどこの加減かしらぬが、如何に苦心をしてもついに塩瀬のようなものは出来なかったという。

なにはともあれ、この塩瀬の商人根性を離れた行為は、実に立派なものであると取沙汰されたというが、さもあるべきことだ。

ここで、「大奥」と表現されているのは、宮中の女官世界のことであり、また「黒川」とは虎屋さんのことを指しています。この文章からも、明治・大正時代には虎屋さんと当家がいかに御用命が多かったのかが伝えられています。

大正日本画の若き俊英たちに愛されて

平成五(一九九三)年八月、吉田耕三、春彦親子より電話を頂戴しました。吉田耕三氏は、有名な美術評論家で、春彦氏は耕三氏の息子さんです。

電話の主旨は、目黒の東京都庭園美術館で、「今村紫《し》紅《こう》と赤曜会」と題した展覧会が開催されることになり、その席でぜひゆかりのある塩瀬の御菓子を来客の方々に差し上げたいという申し出でした。

後日、「今村紫紅と赤曜会」という展覧会のために吉田耕三氏が出版した『大正日本画の若き俊英たち』という本を頂戴し、私はそこで今村紫紅と塩瀬との関連をはじめて知ることになりました。

今村紫紅は、明治末から大正初めにかけての日本画を理解するためにはとても重要な日本画家のひとりだそうです。明治一三(一八八〇)年に横浜に生まれ、明治三〇(一八九七)年に日本画を学んでいた兄・保之助にしたがい上京し、ともに松本楓湖《ふうこ》の安雅堂画塾に入門しました。本名は今村寿三郎ですが、その翌年より紫紅を名乗ったと言います。横山大観や菱田春草に影響を受け、以後数々の展覧会に出品し、注目を浴びました。安田靫彦《ゆきひこ》らと日本画の革新に闘志を燃やし、新日本画の創造に励んだようです。

大正元(一九一二)年には、第六回文展で「近江八景」が二等三席となりました。大正三(一九一四)年にはインドに旅行し、日本美術院再興第一回展に「熱国之巻」という「朝之巻」と「夕之巻」からなる作品を出品。大和絵や琳派や南画の手法を研究したうえで、後期印象派など西洋近代絵画からも学び、大胆な構図、豪放な筆致と華麗で豊かな色彩と装飾性を特色とし、その画風は独創的と、近代日本画の中でも異彩をはなちました。

大正三年の暮れには、速水御舟《はやみぎよしゅう》から新進の画家たちとともに赤曜会を結成し、翌年から展覧会を開催しましたが、大正五年に三五歳の若さで病死しました。

この今村紫紅の若い時分のことが、『大正日本画の若き俊英たち』に書かれています。紫紅は苦学時代にアルバイトで、塩瀬の御菓子の見本帳(絵)を描いていたのだと言います。紫紅はその見本帳を描くことを楽しんでいたそうで、見本帳は大層素晴らしいものであったらしいことがこの書籍よりうかがえます。

その見本帳とは、どんなものだったのでしょうか。紫紅の日本画の素晴らしい作品をながめながら、見本帳の想像を膨らませました。豊かな色彩で、独特な構図で描かれていたのかもしれません。当時の塩瀬の御菓子がどんなタッチで表されていたのだろう、もしも現存していたら、なんとか取り寄せて塩瀬の家宝にしたいものだと思っております。

ところで、赤曜会のメンバーは紫紅を中心として、牛田《うしだ》鶏村《けいそん》、中村丘陵《きゅうりょう》、小茂田《おもだ》青樹《せいじゅ》、富取《とみとり》風堂《ふうどう》、黒田古郷《こきょう》、速水御舟、岡田壺中《こちゅう》で、その活動の成果として催された展覧会は、当初目黒夕日岡にある牛田鶏村の家の横の芝生の庭に、広告業を営んでいた祖父小山《こやま》大月《たいげつ》のところから大きな家型のテントを借りて来て会場を設営したということでした。そのテントの中に絵を吊るして開催しました。小杉《こすぎ》未醒《みせい》がセーヌ河畔で見たというアンデパンダン展からヒントを得たようです。

そして、今では考えられないことですが、この展覧会では、入館者に会場でお酒と和菓子を売ったとのことでした。用いられた徳利と酒盃は紫紅の意匠で、徳利は茄子《なす》紺釉《こんゆう》の無地、酒盃は外側が白で内側は茄子紺釉になっていました。徳利に酒を入れ、口に盃をかぶせると、まさに白雲を頂く富士山の姿となり、また盃を取って徳利だけ眺めると、ちょうど茄子のように見えるというものでした。これは、一富士二鷹三茄子を表わし、鷹は潑剌《はつらつ》たる赤曜会の会員のことではないかと言われました。

和菓子は財産家の吉田弥一郎氏（紫紅は借家を転々としながら狭い部屋で絵を描き続けました。最後に目黒三田の地主、吉田弥一郎の森のような庭内に家を建てさせてもらいました）が選んだ塩瀬製の小さな砂糖菓子で、うさぎの形をしていて、なかに餡の入ったものであったと言います。これは、展覧会の開催された大正四（一九一五）年の干支《えと》が卯《う》年であったことに因んだものでした。

展覧会は大正四年の一年間だけでたて続けに四回開催しましたが、紫紅の突然の死去により翌年自然消滅してしまいました。赤曜会の活動は、当時日本画界にあって最も革新的な運動として新派系日本画家たちに強い刺激を与え、日本の近代美術史上に欠くべからざる存在となっているようです。

こうした近代画家たちの生活の中にも、当時の塩瀬の繁盛ぶりがうかがえました。大正時代に活躍した生気みなぎる画家たちの生活ぶりなど読み耽りました。その時分を偲んでの興を添える催しとして、「今村紫紅と赤曜会」展覧会に塩瀬の菓子を注文くだされた吉田氏には感謝の気持ちでいっぱいでした。

うさぎの木型がないので、少しでも赤曜会で出した菓子に似せようと、白い饅頭に赤い点をつけて納めさせていただいたところ、大変喜んでくださいました。私はその展覧会に足を運び、赤曜会の画家たちの絵を拝見して、東京都庭園美術館を散策しながら遠く大正時代の面影に思いを馳せた次第です。

昭和時代の情景

私どもの戦前までの商売は、主に宮内省の御用を賜る他に、宮様方、諸官庁、軍部関係のご注文と、また大きな料亭などのご注文を受けて、必要な日にちと時間に合わせておつくりした和菓子をお納めするというかたちで商売をしてきました。それだけでも、とても注文数が多かったため、商売としては十分成り立ち、繁盛を続けておりました。

三島由紀夫先生の小説『仮面の告白』(一九四九年)を読みますと、とくに内容に深く関わるわけではないのですが、塩瀬総本家が出てまいります。主人公が通う学校の式日の様子が描かれたくだりに、式日の「かえりに貰う塩瀬の菓子折」と書かれておりました。この作品は半自叙伝的なものであると言われていることから、三島由紀夫先生が通った学習院では、式日には塩瀬の御菓子を配るのが定番であったことがわかります。

やがて太平洋戦争が始まりました。

戦時中の塩瀬総本家では、なんと学校給食用のコッペパンづくりも行ったことがございます。近辺にパン屋がなかったからでしょうか、塩瀬には焼き窯がありましたから、依頼されたのだろうと思います。材料は、役所から届けられました。

そして、塩瀬の工場の隣には、空襲に備えて逃げ込めるよう従業員が掘った防空壕がありました。ふだんは、防空壕の蓋《ふた》のうえに土をかぶせ、そこを小さな野菜畑にしていました。当時どこの家も各々が防空壕を持っていたのです。空襲警報が聞こえてくると、すぐにパンづくりの手を止めて、こねていた生地に蓋をかぶせて避難しました。父、母、お手伝いさん、従業員五、六名と私、妹がおりましたから、防空壕はそれだけの人数が収まるくらいの深さがあり、はしごがとりつけてあるといった規模の大きいものでした。

空襲警報が解除され工場に戻りますと、父や職人たちは口々に、「これじゃあ、全くだめだ」と大声で唸ったものでした。イースト菌の作用により、パンの生地がすっかり発酵して膨れ上がり、たらーんと蓋からもはみだしているのでした。仕方がないので、皆で再び生地をこねはじめる、ということがよくありました。

戦争といって思い出すのは、海軍の軍人、山本五十六元帥のことです。

あるとき乗ったタクシーの運転手が山本元帥の書いた書籍を読んだことがあるという話をしてくださいました。そのなかで、「戦地で塩瀬さんの羊羹をお茶と一緒にいただくのがなによりのたのしみだった」と書いてあったそうなのです。

確かに、山本元帥は戦地から戻ってくると、真っ先に塩瀬にいらして、「夜の梅（小倉羊羹の商品名)」を好んでたくさんお求めになって帰られたのをよく覚えております。

その時分には、山本元帥の為書《ためがき》で、「塩瀬の主人へ」という掛け軸と額がありました。山本元帥が国葬された時、元帥を慕う隣組の人たちがたくさん塩瀬にいらっしゃって、掛け軸と額を見せてくださいと部屋に上がりこみ、ひたすら直筆の文字を拝んでいました。

昭和二〇年、終戦を迎えると、世の中は一変しました。宮内省の御用はなくなる、軍隊もなくなる。宮家からの注文もなくなりました。砂糖などの材料も全く手に入らない時代になってしまいました。日本は身分を問わず、皆が貧しくなりました。

亀次郎は御菓子そのものに対する思いが非常に強かったため、頻繁にさまざまな業者から勧誘や人工甘味料のサッカリンを使っての商品をつくらないかとの提案などを寄せられましたが、「まがい物はつくらない」といってすべて断っておりました。デパートから引き合いがあった際も、「店ざらしで菓子が売れるか」といって取り付く島がない断りをしていました。父のその強さ、頑なさに、母は苦労をしておりましたが、私は尊敬の念を感じておりました。

亀次郎は材料が手に入り、準備が整うまでの間、二年間ほどは塩瀬の御菓子をつくらず、待機しながら暮らしていました。そうして待機しながら、ひっそりと塩瀬の暖簾を守り続けていたのです。やがて世の中に復興の兆しがみえはじめると、それに伴って塩瀬も少しずつ盛り返していきました。

「昭和そのとき」——戦争と天皇の御紋菓

戦時中、戦死された方の死を悼んで、天皇陛下がお配りになる御菓子「御紋菓」は、きめが細かく、石のように固くなければなりませんでした。亀次郎がつくる「御紋菓」の固さやきめ細かさは、職人たちがどれだけぎゅっと固くつくろうと思っても、なかなかまねできず、すぐにやり直しさせられておりました。東和会の名誉会長である松本松五郎氏がよくおっしゃっていました。

昭和六四(一九八九)年一月七日、昭和天皇が崩御なさいましたが、その数日後に、『朝日新聞』に「昭和そのとき」という連載ページが設けられ、そこで私の談話が掲載されました。記事の一部を紹介させてください。

「昭和は店にとっても、盛衰の激しい時代でした」。六百四十年余続く、のれんを受け継いでいる三十四代当主川島英子さん。伝票整理の手を休めて、女社長はつぶやいた。

太平洋戦争のさなか。「塩瀬」一階作業場の壁は、白木の箱で埋まっていた。その中で川島さんの父は、職人たちと一緒に白衣姿で、黙々と菊と桐の紋入り菓子を作っていた。

嫁入り前だった川島さんは、母親と二人で、できたての菓子を六個ずつ薄い和紙で丁寧に包んでは白木の箱に納めた。そして注意深く一枚の紙を張った。

「皇后陛下ヨリ下賜」と書かれていた。戦死した兵の遺族に渡される、と聞かされた。

戦況の激化とともに注文の数は次第に多くなった。当時はもう、一般人には手に入らなくなっていた砂糖、ミツ、寒梅粉が「御紋菓」の材料として、ふんだんに宮内省から作業場奥の倉庫に運び込まれた。

同じ作業の繰り返しだから、つい、うとうととしたことがあった。そんな時、母親がいった言葉がいまも川島さんの耳から離れない。「一つひとつていねいに作らなきゃいけないよ。これは兵隊さんの命と引き換えのお菓子なんだから」

二十年八月十五日。たび重なる空襲からも「塩瀬」は残った。「御紋菓」づくりの手を休め、父も娘も茶の間にあるラジオの前でうなだれた。

終戦後しばらくして、宮内省から焼け残った倉庫にある菓子の材料を引き取りにきた。「二十一年からの陛下の地方巡幸と、職員の退職金の費用に充てる」ということだった。材料のほかに、父は長年使った菊の紋の木型をすすんで荷台に乗せた。

遠ざかるトラックを見ながら、父親は「御用が終わった」と泣いた。

さて、平成三(一九九一)年八月に横浜市の金子昭二氏よりお手紙を頂戴いたしました。

寿紋菓

八十九年一月十一日の朝日新聞に「昭和そのとき」と題して貴社社長のお話でご下賜のお菓子のことが詳細に紹介されていました。その記事を読みまして大変感銘を覚えましたし、昔が思い出されました。

実は私の兄も昭和十三年五月、中国で戦死しましてお菓子をいただきました。町役場の方が家まで届けてくれましたが、この様な制度のあることを知りませんでしたので、家中大変な驚きと感激でした。

早速祭壇にお供えして誰も手をつけることも触れることもできず、しばらくの間は近所の人々や聞きつけたよその町内の人々が見物に来ていました。その度に母が箱の蓋をあけて見せた様に覚えています。町葬も終わり、お菓子は家族だけで食べてはいけないということで、町内の菓子屋に依頼して何十倍の材料で作り直して町内中に配られたと記憶しております。

新聞の記事によりますと、菓子箱は白木と書かれておりますが、小生の記憶では白い厚紙の箱であったと思います。この箱は母が非常に大切にしまいまして、大事な書類を入れていました。小生も戦後は家を離れておりましたので箱のその後は忘れておりましたが、あの新聞を見まして、先頃田舎に聞いてみましたところ、宅急便で送って来ました。母の手垢でせうか、ススでせうか、すっかり黒くなっていますが箱はやっぱり厚紙でした。

貴社の製造品は木箱であったとすれば別品であったのでせうか、新聞を見て以来気になりましたので書面をお送りした次第です。社長にご余暇がありましたら、事情をお聞かせいただければ幸いでございます。


というお便りでした。私はさっそくお返事差し上げまして、白木の箱は記事の誤りで、確かに厚紙の、ちりめんの様な白い紙で張ってある箱であった旨を記し、御兄様のご冥福をお祈り申し上げました。金子氏より、再びお手紙をいただき、箱は、新聞記事とお便りとともに今後も保存に努めるとおっしゃられました。

戦時中、自分たちがつくっていた御菓子が、ご遺族の方々各々に深い思い出となっていったということを知り、家業冥利に尽きることをしみじみ知らされました。

老舗の暖簾を守った母の愛

父は、根っからの菓子職人だったので、経営や営業といった面の仕事は母がすべて行っていました。

有楽町の五階建ビルは、いろいろな事情によって手放すことになりまして、昭和二五（一九五〇）年、店は築地明石町に移りました。そして、戦後の苦境を、父と母が協力して乗り切ったのです。

戦前、結婚式がありますと、決まって料亭から大きな注文をもらっていたという延長線で、ブライダルの引き出物用としての商売が大きく売り上げを伸ばし始めました。そんな商売がめきめきと好況の波に乗るなかで、昭和二八（一九五三）年に、父、渡辺亀次郎が亡くなりました。

母は、父の方針「つくりたてをご注文に応じてお届けする」というスタイルを決して崩さずに経営を行っておりました。また、商売のやり方、商品のつくり方、職人気質なこだわりに至るまで、頑なまでに一生懸命守り、励んでいたのでした。

「材料を落とすな、割り守れ」、あの父の頑固な声が母の胸の内にいつも響いていたのだろうと思います。母は職人ではないので、御菓子の細かいことはわかりませんが、四六時中「材料」と「割り」を気にし、なにか問題があったときには、父の愛弟子の職人が経営する高円寺塩瀬に電話して話を聞いては、職人にきちんと指示を出しておりました。

引き菓子の需要は非常に多く、得意先は一番多い時で四百数十軒を数えるほどでした。その時分、ブライダルというと、季節は春秋と決まっているようなところがありましたから、その時期は大忙しでした。結婚して家を出ていた私も、頻繁に工場へ顔を出して手伝っていました。さらに、大安の前日ともなると、手先だけでなく心も焦るほど忙しかったことを覚えております。工場内はいつも明け方までフル回転で、納品の時間ぎりぎりにやっと箱詰め・包装が終わることも度々だったのです。

母は明石町に五階建のビルを建築するまでに、塩瀬を発展させました。よくぞそこまでと私は母の奮闘ぶりには心より敬い感心させられます。ひたむきさや一生懸命さがこんなにも力を発揮するものであることを、母の生き様から教えてもらいました。母は父の遺志を受け継ぎ、塩瀬の暖簾に一生を捧げたのです。

第6章　日々創業の気持ちで暖簾を守る

～感謝、感謝で心を鍛えて～

悩んだ日々に悟ったこと――「無なる時、有を生ずる」

「上品で、華やかな甘味がただよう塩瀬の御菓子」

このように形容されて、古くから今日に至るまで塩瀬は愛され続けてきました。ありがたいことです。塩瀬の饅頭は生粋の饅頭です。饅頭は塩瀬から始まり、純然とした最上級の饅頭づくりをつねに心がけ、いかなるときもそのおいしさに手間ひまを惜しまないでやってきました。

父母が塩瀬の暖簾を守るために一生懸命だった姿もこの目に焼きついております。しかし、私が三十四代の当主になった頃は、塩瀬はなぜだか長い歴史を背負った御菓子屋には見えませんでした。この時代もまた店は繁盛していましたし、御菓子づくりにはこだわっていました。「しかし、このままでは……」という不安が、私から離れませんでした。

しばらく思い悩む日々は続きました。「どうして不安を感じるようになったのか」と思いながら、思索を繰り返しました。そして、あるとき、直感的に感じたのです。「栄えているのを自分の力だと思うのは、大きな誤り」ということでした。

仏教の教えを解説した本で，「木を大きく育て，たくさん実らせるためには木の根元に肥料をやること」という教えを読んだことがありました。「ああ，根元に肥料をやっていないな」ということにはっと気づいたのです。

建仁寺・両足院で見つけた散在している幾つもの墓石が脳裏に浮かびました。ここ何代かの塩瀬はご先祖様を顕彰し，祀るということをきちんと行ってこなかったのです。そう思い当たってからは商売の利益などは考えずに，なによりも，とにかくご先祖様のために尽くしました。心を無にして切なる気持ちで，お墓を改修し，顕彰碑を建て，ひたすらお墓参りをすることに心を捧げました。

のちに，この時の心境を短歌に詠んだことがあります。

利をはなれ　心のすべて　無なる時　有を生ずる　世とぞ知りたり

人間は，「すべての欲を離れて無になった時に有を生ずる」ものなのです。私は，一生懸命に木の根元に肥料をあげて，ふと見上げたとき，木には実がたくさんなっているということに気づきました。この世は，損得ばかり計算して行動していても，何も生み出されないものなのです。

自分という存在は，自分ひとりきりではありません。遠くに先祖があって，それがつながってきて自分があるということを理解することが大切なのです。

足利義政直筆の大看板と全国菓子大博覧会

現在、塩瀬総本家には、明石町の本店はもちろんのこと、デパートに出店しております各店においても、「日本第一番　本饅頭所　林氏鹽瀬」と書かれた看板が掲げられております。ご存知の方も多いかと思います。

ここでは、この看板のお話をさせていただこうと思います。その一部は、第三章においても触れさせていただきましたので、重複にならぬようお話したいと思います。

母が亡くなった後日のこと、仏壇を整理していますと、茶色く変色した一枚の写真が出てきました。それには「日本第一番　本饅頭所　林氏鹽瀬」と書かれた看板が写されていて、父が生前、「家には家宝の足利義政公直筆の看板があったが、戦災で消失した」とよく語っていたことが脳裏に浮かびました。そして、この写真を大切に保管していたのです。

その後の私の奮闘ぶりは、第三章で述べた通りです。看板の寸法と材質がわかりましたので、復元をお願いしたのです。そして、昭和五八(一九八三)年一月、ようやく看板ができあがってきました。立派な金看板でした。「ああ、お父さん、お母さんにこれを見せてあげたかった」としみじみ思うと、父母の喜ぶ顔がふと浮かび、二人がこの場で一緒に家宝を見てくれているような気持ちがしました。

足利義政は、芸術的資質があり、個性的な感性・美意識をもっていたと言われています。多くの芸術家を指導援助し、晩年には慈照寺銀閣を建て、その周辺に東山文化を花開かせた将軍でした。義政公も太鼓判の饅頭であったことを思うと、鼻が高い気分でした。

昭和五九年「全国菓子大博覧会」には、この大看板を掲げ、兜に本饅頭を盛ったものを飾り、「塩瀬、ここにあり」とアピールしました。大変人目を引くブースとなり、反響も大きく、古い時代の塩瀬を知っていらっしゃるお客様が駆けつけてきて、「塩瀬さんが続いていらっしゃったとは」と喜んでくださいました。博覧会では、塩瀬は桜花工芸賞を受けました。

挑戦！　デパート出店物語

私の父の時分には、前述の通り、お客様は宮内省と宮家と官公庁という商売でしたが、父の跡を継いだ母の時代には、ブライダルの引き菓子に傾倒した商売を展開していました。

私は、お客様の層を限りたくはありませんでした。全国の一般の方々を対象としなければなりません。

「どこかに塩瀬のお店を出したい」

出店意欲が私の頭を捉えて離しませんでした。しかし、なかなか簡単にはできないと考えているときでした。偶然にも、銀座の松屋さんが大々的にリニューアルオープンするということで、「ぜひ塩瀬さんに出店していただきたい」とお見えになりました。松屋さんのお話が、私がやりたいと考えていたことと一致したので、「出させていただきます」と回答しました。松屋さんとは近いので、追加納品もすぐできると思ったのです。

私には出店に際して絶対譲れない条件がありました。「饅頭はできたてがおいしい」、これは父が日ごろから常々話していたことです。これができないならば、デパート出店は考え直さねばなりません。「職人のつくる、できたての饅頭を売ることができる場所をつくっていただけるのであれば出店しましょう。それが無理ならお断りいたします」。松屋さんは、「それならば実演室をつくりますから大丈夫です」とおっしゃいました。

条件もクリアでき、「いざ出陣！」と気持ちは晴れ晴れ、臨戦態勢に出ましたが、現実は問題が山積みでした。問題は会社の内部にありました。工場からも営業からも猛反対の声が一斉にあがりました。その理由は、これまでのブライダルの引き出物・辺倒の体制からデパート出店に向けての体制が整っていなかったからです。

これまでは、決まった御菓子、「羊羹」と「練りきり」と「求肥」の三種類だけで済んでいましたが、デパート出店となるとこれまでの三種類に加えて、「焼き菓子」、「打ち菓子」、「上生菓子」、と幾種類もの御菓子をそろえなければなりません。

そんな反対意見に、まず体制をしっかりと整えること、多くの方に塩瀬の御菓子はおいしい、と買っていただきたいことを根気よく話しました。そんな説得をしつつ、デパート部門をつくり、出店に向けての始動をしました。デパート部門のための職人を選び、飾り付けから御菓子を入れる箱から、包装紙から、パンフレットといった一切を自分たちの手で作成しました。ショーケースに並べられるだけの御菓子の品数もそろいました。

そして、松屋さんには塩瀬のこだわりを要求しました。それは、着物です。出店するからには立派な着物を着せていただきたいのです。

塩瀬には店舗がないため、一般的には知られていませんが、歴史ある堂々たる御菓子屋です。塩瀬はデパートでは新参者ですが、だからといって軽い店構えでは出ません、ときっぱりと申し上げました。松屋さんは私の思い、塩瀬の伝統に根付いてきた誇りを理解してくださり、りっぱな店構えにしてくださいました。この御恩は一生忘れることはできません。

松屋さんに出店したことで、他のデパートからも出店してくれないかと次々に声がかかるようになりました。出店数が増えると、その対応に追われる日々が続きましたが、私はとても嬉しかったのです。世の中のたくさんの方々に塩瀬の御菓子を食べていただけるからでした。塩瀬の生き残りをかけた試みは成功し、新しき道が伝統ある塩瀬を生かしてくれているのだと感じました。

伝統を守ることと同時に、時代に応じることも大切です。存続させることを考えれば、自然と私の判断になるはずでした。「どう変えていこうか、どう行動を起こそうか」、その方針を立てる以前に勉強し、努力します。次の時代にはこれが必要ではないかとひらめきが出てきます。そこに向かって、徐々に体質を変えていかねばならないのです。

もろもろの　苦労も晴れる　新製品　売れ行き良しと　聞きたる時は
美味しいと　客より便りいただきて　日頃の苦労　ありがたく消る

デパート出店から始まった塩瀬の業務改革

塩瀬は和菓子の世界に強いこだわりをもって、六五〇年余り暖簾を守り続けてきました。古き時代から継承されてきた慣習も多数ありますが、なかには見直しを図り、方向転換を行う必要があるものもあり、それがデパート出店をきっかけに求められてきました。

新しい道を築く必要が生まれたのです。その継承されてきた時間の重みを考えると気持ちが萎《な》えてしまいますが、勇気を持ってそこにメスを入れることにしました。

実際、デパートへ出店するようになって、塩瀬の商いは大きく変化しました。出店数が増えるにつれて、売り上げの九九パーセントに上っていたブライダル関連の比率が減り、一般の売り上げが増加していきました。やがてその比率は半々から四対六と逆転し，現在では，デパートでの売り上げが多くを占めるようになっているのです。

少子化や結婚式の形態の多様化が進む現在，「結婚式にお金をかけるよりも，新生活の方にお金をかける」という時代に，デパートへの出店をしていなければ，とうに塩瀬は倒産していたと私は思っています。

デパートへの出店を機に，旧態依然としていた社内体制の大改革を行いました。まずは，各店に毎朝，和菓子を納めるための物流の整備でした。こうした整備をはじめ，製造，営業，事務の各部署に部課長を配して社内組織化の第一歩としました。

この組織化には，経営面を支えた専務であり，夫だった川島光一の助言が効果を発揮しました。続いて，月一回の部課長会議を開催し，社内の風通しをよくし，情報の共有化を図ったのです。もっとも当初は，部課長自身が自分たちの役割がよくわからず，はじめて臨む会議で何を発言したらよいかもわからず，会議中はみなうつむいてばかりいたという惨憺たる会議風景でした。

しかし，最初はそれでよいと思いました。その上で，そんな部課長に自分の職務を教えていったのが，夫でした。厳しく，丁寧に何度も教えることで，部課長たちは己の職務を次第に理解していったのです。そういう真面目さを，塩瀬の従業員たちは持っていました。

現在では，デパートへの出店は二〇店をこえ，工場は商品の配達の利便性を考えて新木場の土地を選び、コンピューターによるシステムを導入して本社と工場とをつないでいます。こうしたネットワーク化に尽力したのは、現在、三十五代当主となっている息子の川島一世《いっせい》でした。

こうして塩瀬は、この二〇年余の間に、古い時代の大店気質を大幅に改め、代表取締役社長をリーダーに組織として対応する会社へと変貌しました。

現場を知ってこそ――御菓子職人の暮らし

塩瀬の饅頭は、大和芋の皮をむき、すり下ろすところから始まります。まったくの手作業です。耳たぶより少しやわらかい固さの皮に、餡を入れて蒸し上げると、本当に上品な饅頭ができあがってきます。

おいしいものをつくるということは、代々職人から職人へと受け継がれてきた流れがありました。父が語っていたことには、「職人は高校出では遅すぎる。御菓子の職人は中学出がよい」。御菓子職人として一人前になるには、四〇年という時間が必要なのです。驚いてしまいますが、御菓子職人とはそんな世界なのです。御菓子づくりが楽しくてたまらないという人でなければ務まらない世界なんです。

和菓子はじつに奥が深いものです。塩瀬の場合、最も重要なのが「割り」です。まずは、この「割り」を習得しないことには、御菓子はできあがりません。そして、見た目の細工です。和菓子の意匠である花びらひとつの形をとってみても、その御菓子の品格が違ってしまいます。菊の御菓子の場合、二〇の見事な花びらをつけた菊は、目を奪われる美しさを宿します。

私は御菓子を専門的に習ったことはありません。当主となったとき、最初は見よう見まねで覚えていくしかないと思っていたのですが、父の時代に教えを受けた御菓子職人の方々が来てくださり、いろはの「い」から丁寧に、短時間に教えてくださいました。

一方で私は、御菓子の本を片っ端から読み、学びました。一般知識を仕入れた上で、「栗饅頭」は小麦粉が何グラムで砂糖が何グラム、と塩瀬ならではの「割り」を学んでいきました。現在では、私が現場で職人のつくった御菓子を厳しくチェックします。私が見てよし、食べて、これならおいしいと思えるものが店頭に並びます。

御菓子のことをわかっているからこそ、職人に指図もできるのです。父が「御菓子の神様」と言われるほどの職人であったので、その頑固なまでのこだわりを、私が現場に伝えています。そこをいい加減にしてしまうと、塩瀬の御菓子が崩れてしまうのです。

職人を愛し、怒り、そして育てる

職人を育てるには、まず核となる人間がひとりいなければ話になりません。核となる人間は、塩瀬の場合は、職長(職人の長)です。職長が下の人間を育て、その人間がまた、次の時代の人間を育てていくのです。職長は、饅頭なら饅頭、焼き菓子なら焼き菓子と専門的に究めているだけではいけません。すべての技術を体得し、まとめる役割を担います。焼き菓子、餡、羊羹、饅頭、上生菓子と各部署それぞれやり方が異なるものをまとめていくのです。

核となって塩瀬の技術を担っていく職人は、理屈ではなく、見ていてピンときます。性格、態度、顔つき、身だしなみでわかるのです。技術はあっても、下がついてこないような性格の人間では駄目です。職長になる人間は、腕も大事だけれども、人を率いていくだけの人格も必要なんです。そのために自分というものを磨いていかなくてはなりません。人を率いていくには、そこに信頼関係がなければならないからで、その関係がないところでいくら怒鳴っても、何も聞いてもらえません。信頼関係があるからこそ雷を落とせるのです。

もちろん職長は技術も一流です。職長は、サッと二〇枚の美しい菊の花びらの御菓子をつくってしまいますが、職人として学んで二、三〇年目になる者でも、まだその品格が出せません。「どうしてこんなに違うか、わかる？」と聞いても、わからないと言います。花びらを数えさせると、その御菓子の花びらは一二枚です。職長の二〇枚と見比べてみると、美しさに雲泥の差があります。

職人たちにどれだけ言ってもわからない場合は、私が付き添ってどうにかして成し遂げる方向へ向かわせなければなりません。「空いている時間を見つけて、二〇の花びらをつくる練習をしなさい」、「職長のつくった雅《みやび》なお菓子との差を考えなさい」と言っています。職人というのは、「技を盗め、自分で覚えろ」の世界、職人同士だとそこまで教え教わる関係が育ちにくいのが厄介なところです。私は四六時中、「わからなかったら職長に頭を下げて聞きなさい！」と口を酸っぱくして言っています。二〇枚の菊の花びらをつくる作業は非常に難しいのです。へたをすると、簡単に潰れてしまい、やり直しがききません。ヘラの使い方に熟練を要するのです。

今はなかなか雷を落とせる人が現場にいません。今のところ怒鳴れるのは私だけで、ですから工場のみんなからは「会長、頻繁に工場に顔出してくださいよ、そのほうが気が引き締まるから」などと言われています。また一方で、職人を育てる環境というのは、楽しい職場でなければなりませんし、御菓子をつくることに喜びを感じることができる職場でなければならないのです。だから、いい仕事をしている職人には、「なかなかやるじゃないの」と褒めることも忘れません。これを忘れては駄目で、褒め言葉は大きな力となります。

私は声が大きいから、工場中に私の声が響き渡ります。すると、みんなとても嬉しそうにしてくれます。工場に行くと全館をまわり、皆、一生懸命でとてもよくやってくれているので、そのありがたみを一人ひとりと顔を合わせ、伝えたいのです。

職人を育てていくことは、塩瀬にとってなにより大事なことです。人がいなければ、何もできません。人がいて初めて技術を伝えることができます。私は、「人が文化だ」と思っています。売るということが仕事なのではなく、跡を継ぐ人間をしっかりと育てることが仕事なんです。よい和菓子をつくっていれば、自然と売れていくものだと思っています。

和菓子の文化そのものの担い手であるという責任と誇りを持ち続け、その技術を絶やさないように続けていく使命が、塩瀬にはあります。

いそがしく　立ち働ける　社員らの　顔輝けるは　何より嬉し
ゆるぎなき　老舗の力ぞ　三代に　わたり励む(勤む)　職人ありて

和菓子のデザインとは

和菓子のデザインの時期になりますと、わくわくすると同時に、期限のあるものですから、焦ることもあります。秋がきたら冬の御菓子を考え、冬がきたら春の御菓子のデザインをあれこれと思い巡らします。

とは言っても実際は、私の頭の中では勝手に、四六時中デザインをしています。イメージが生まれましたら、職人に伝え、試作品を幾つかつくらせます。木型屋にイメージを伝え、あれこれ相談しながらつくらせ、私がじっくりと確認し、「これならいいわ」と思うものが商品となるのです。

当然、「時代に合ったものを」ということも念頭に置きますから、人の言うことをよく聞くこともします。そんな話の中に、ヒントがあるからです。店長には、「毎月、どんなに小さなことでもいいから発見したことを書きなさい」と報告書を提出させています。私はそれを読み、一枚一枚にまるでお話しているかのような親近感あふれるコメントを赤ペンで書き添え、そうした資料をもとに店長会議は行われます。

御菓子のネーミングはほとんど、直感的に頭に浮かんでくることが多いようです。過去に多くの書物を読んだり、舞台を見たり、あちらこちらで得た知識から、雰囲気のよい、その御菓子にぴったりの言葉が出てきます。愛情を持って考え出した御菓子を、職人が誇りを持ってつくり、そして、名前をつけて店頭に並べます。私にとって、和菓子とは、もうその一つひとつが、我が子のように愛《いとお》しい存在になっています。

ところで、今日、饅頭は、なぜか御菓子の中で駄物のように認識されてしまっている節があります。

羊羹が上等で、饅頭は下等というのです。それだけ饅頭が馴染んでいるということなのかもしれませんが、それは大きな誤解です。

饅頭とは、真行草《しんぎょうそう》の中の「真」に位置するものなのです。「真行草」とは、格式を区別して言い表したもので、もともとは漢字の書体、真書(楷書)・行書・草書の総称のことですが、転じて、華道・茶道などで広義に用いられています。「真」は最も正統で整った形、「草」は真を崩した形、その中間を「行」と言います。たとえば、お辞儀でいうと、最敬礼が「真」にあたるのです。

饅頭の発祥をたどれば、中国で諸葛孔明《しょかつこうめい》が神に供えるためにつくったものが起源ですし、日本では、林浄因の紅白饅頭は祝い事に用いられ、家康にしても饅頭を兜に盛って戦勝を祈願しました。そもそも饅頭は、神様にお供えする目的でつくられたので、とても格式高い御菓子なのです。

「饅頭は、真のお菓子であるという観念を持って扱いなさい。山積みにしてはいけません。行儀よく一列に並べなさい」と私は売り場に伝えています。こうした売る側の教育も、現在ではとても大切なことになっています。

本来ならば、一人ひとりの顔を見ながら、私が饅頭のおいしさからなにから話したいのですが、売り子の人数が多いので、とても私の目が行き届かないこともあります。そこで、店長会議を毎月行い、売り子としての心がけ、新商品の知識について店長から教育が行き渡るように奮闘してもらっています。

一番大切なのは、売る側に塩瀬の御菓子のおいしさを常に自覚してもらうことです。一つひとつの御菓子が愛情込めてつくられたことがわかれば、自然と商品への愛着も湧くでしょう。「召し上がったら必ず満足いただけますし、お土産にお持ちくださったら、プレゼントされた側はきっとお喜びになりますよ、という気持ちをおなかの中にしっかり入れなさい」と、教育しています。売る側が自信を持ってアドバイスしましたら、お客様は喜んで買ってくださると思っています。

お稲荷様の祭りは、従業員への心からの「ありがとう」

お稲荷様は、霊験あらたかなものです。たいがい昔からの大店のうちには、商売繁盛の神様・お稲荷さんが祀られているものです。塩瀬は、年に一度五月に、従業員全員にお赤飯と折り詰めとお酒を振る舞って、お稲荷様のお祭りを行っております。

従業員の数がそれほど多くなかった以前は、折り詰めのお料理は手づくりでした。折り詰めは店の女将さんがつくるという慣わしがあり、母がきちんとつくっていたのに習い、私もつくっていました。

上段には海老フライ、とんかつ、煮物、かまぼこ、きんとん、玉子焼き、つくねが入り、下段にはお赤飯を詰めて、二重のお弁当ができあがります。現在は従業員が多くなり、手づくりというわけにはいきません。お赤飯だけ塩瀬でつくり、あとは仕出屋に発注したお弁当とお酒一合と、従業員から奉納された果物などを振り分けて配っています。

塩瀬ビルの屋上にある、お稲荷さんの祭壇には紅白餅、落雁、鯛一匹と海老やさざえ、はまぐり、そしてお酒をお供えしています。そして、神主さんを呼んで祝詞をあげてもらうのです。

お祭りができるということは、神様からできるだけのお力をいただいているということなのです。法事にしても、お祭りにしても、それがきちんと例年通りにできるということ自体がありがたいのです。そう思ったら、「今年も例年通りにお祭りができました。ありがとうございます」と感謝の気持ちを捧げます。

お祭りは、従業員みんなが一生懸命働いてくれて、塩瀬の屋台骨を支えてくれているという、みんながいるから存在できていることへの感謝と、ご苦労さまという気持ちなのです。単なるしきたりだからではなく、意味があってやっていることを理解しながら行わないといけません。

古くから全国各地さまざまなところにお祭りなどの行事がありますが、それは昔の人が感謝の心で行っていたということなのです。昔から行われている伝統を、受け継いでいくにしても、本当の意味を理解してやるということが意義あることなのです。

塩瀬総本家の家訓

現在、社長室に家訓の額がかかっています。これは、大正時代半ばから昭和初期に三十一代当主だった渡辺利一の手によるものです。

利一は、前章で触れましたが、仁木準三の時代に存続の危機に遭遇した際に、当時、番頭格だった渡辺亀次郎と力を合わせて、見事、難局を打開し、塩瀬総本家を立ち直らせた人物でした。利一は、以前より聞かされていた渡辺崋山の遺訓を教訓として、塩瀬の家訓としました。その家訓は「今日一日の事」と「崋山先生の商人に与へたる教訓」からなっています。

今日一日の事

一、今日一日三ツ君父師の御恩を忘れず不足を云ふまじき事

一、今日一日決して腹を立つまじき事

一、今日一日人の悪しきを云はず我善きを云ふまじき事

一、今日一日虚言を云はず無理なることをすまじき事

一、今日一日の存命をよろこんで家業大切につとむべき事

右は唯今日一日慎みに候。翌日ありと油断をなさず、忠孝を今日いち日と励みつとめよ。

崋山先生の商人に与へたる教訓

一、先づ朝は召仕より早く起きよ
一、十両の客より百匁の客を大切にせよ
一、買人が気に入らず返しに来たら売る時よりも丁寧にせよ
一、繁盛するに従つて益々倹約せよ
一、小遣は一文よりしるせ
一、開店の時を忘るな
一、同商売が近所にできたら懇意を厚くし互に励めよ
一、出店を開ひたら三ヶ年食料を送れ

この家訓は、老舗の暖簾に安住せず、常に我欲を捨てて、商いにのみ専心しろと説いたものでした。今読んでも商人としての心得が、現代に通じていることを感じます。家訓とは、窮地に追い込まれたときに嫌というほど身にしみて感じ取った教訓を、この先も忘れることがないよう思い続けるために生まれるものです。少なくとも、塩瀬総本家の場合はそうでした。

問題は、家訓を額縁に入れて飾っておくことではなく、実行することです。それが、家訓を家訓として生かすことだと思っています。

塩瀬のお茶室「浄心庵」の書について

私は常々、塩瀬総本家の本店にあるお茶室「浄心庵」の額の書を、一度、皆さまにもご覧になっていただきたいと思っています。と言いますのも、その書の書き手は、趙樸初先生のものだからです。書道家について少し予備知識のある方でしたら、先生のお名前はご存知のことと思います。先生は毛沢東、郭沫若《かくまつじゃく》に肩を並べる中国三大名筆家のうちの一人です。普通ならば、絶対に書いていただけないものと思っています。

ところで、お茶室の「浄心庵」という名は、私が命名いたしました。この茶室は、現在の本社を建てた平成八(一九九六)年に、雅な遊びを取り入れるのも一興だと考えてつくりました。店内に本格的なお茶室をディスプレイとしてつくったのです。川を流し、橋を渡っていくと別世界、侘びさびの世界が開き、お茶室が建っているというコンセプトでした。お茶とは関連深い塩瀬、まさにこれはぴったりのディスプレイだと感じております。

「浄心庵」とは、林浄因の「浄」の字をいただき、林浄因の心を受け継いでいるという意味と、心を清める庵という意味をかけて命名しました。お茶室には必ず書が掛かります。林浄因が始祖である塩瀬は中国と縁が深いのですから、この「浄心庵」に掛ける書は、中国のお寺の貫主さんで書の上手な方に書いてもらおうとひらめきました。

菅原鈞さんという運行寺のご住職がいらっしゃいます。菅原さんとは、林浄因碑建設のために、私が中華人民共和国大使館に頻繁に出入りしていたときに知り合いになりました。菅原さんは日中友好のために尽力されていらっしゃって、中国のお寺さんとも親しくされている方でした。

頼んでみますと、菅原さんは快諾されて、それからしばらくして趙樸初先生の書を持ってきました。菅原さんは塩瀬饅頭をお土産に携え、趙樸初先生に頼みに行ってくださったのだと言います。

私はこのように想像もできないほどの素晴らしいことが起こるたびに、いつも身をもって知ることがあります。人生とは人とのご縁次第であると。なぜなら、数多くの不思議なくらい素晴らしい出来事の数々、どれを考えてみても例外なくすべて人とのご縁によってもたらされたことだからです。

人とのご縁というものは広がって大きくなって、素晴らしい出来事に結びついていきます。時にそれは、まるで予測もできない大掛かりなことに発展していくことすらあります。人とのご縁が人生において絶大なる力をもっているということを、私はこの身に受け取ってきました。

大事なのは、付き合っている相手に対する態度、狭くは自分の夫、子供に対しても惜しみなく形に表すことだと思っています。言葉でも態度でも、なんだっていい、感謝の念や愛情は、その気持ちが募れば募るほど心のなかにおさめておくだけでは足りなくなってくるというものです。思いはあふれて自然と行動なり態度なり外側へ出てくるので、表さずにはいられません。どの方とお目にかかっても、どんなときでもどんなことにでも真心をもって接し、お付き合いしていれば、この気持ちはわかるはずでしょう。そうやって日々暮らしてほしいのです。

手間ひまを惜しまずに、すべきことはきちんとすることです。お付き合いを決して面倒に思ってはいけません。ありがとうと思ったら、それを素直に形に表すということです。心からのありがたい気持ちは、電話で簡単に一言お礼を述べて終らせてはいけません。手紙に書いて、その気持ちを見える形にして表すべきだと思います。手間ひまを惜しんではいけないのです。心で思ったことは目に見える形で行動に表さないと決して相手には通じないのですから。形にすること、それが世の中の渡り方だと思います。

自分ひとりだけでは人生なんてできあがりません。いろいろな方のご縁があって、お力をいただいて、物事は完成していくわけですから。ご縁があったならそのご縁に真心を込めて一生懸命向き合うこと。これが私の生き方です。

私とともに塩瀬の道を歩んでくれた最愛の主人へ

ずっと私を支えてきてくれていた主人が、平成一六(二〇〇四)年四月に亡くなりました。

私が塩瀬三十四代目当主となるにあたって、大変だったのは主人でした。母は、集中治療室のベッドで、傍らに座った私に塩瀬の今後を託し、すかさず主人の手を取って塩瀬の今後を懇願しました。

「英子を頼みます、英子と一緒に塩瀬を継いでやってください。どうか英子を頼みます」

何度も何度もそう言って、決してその手を離そうとしませんでした。母は、私だけでは塩瀬を守っていけないことを知っていたのでしょう。

主人の勤め先には、事由を話すと、家のことなのだからそれは致し方ないということで、折り合いはつきました。こうして主人は私とともに塩瀬総本家を引き受けたのです。

当時は、工場内の仕事も分業化されていませんでした。手の空いた人が手薄な作業を手伝うというように、職人の領域以外はすべての人がこなせるという、効率の面からみれば非常に融通のきく、回転率のよい仕事を行える仕組みになっていたのです。ただし、それでは曖昧な部分が多すぎて、秩序がなくごちゃごちゃしていました。責任の所在を問うに問えません。何かあった際には大事になりかねないのです。

主人はある老舗の総支配人を務めていただけに、そうした方面に長《た》けた能力を持ち、塩瀬においても腕をふるいました。雑然としていた塩瀬の内部がしっかりと組織化され、塩瀬の持ち味をいかなる方向に押し出していっても揺るがないどっしりとした基盤が固められたのです。

現在は、デパート内店舗は二〇店を超えます。会社内部は組織化され、コンピューターによるシステムが働いています。工場は、店舗への配達に都合のよい新木場の土地を選び、平成二（一九九〇）年に完成して以来、製造から包装、出荷までがスムーズに機能しています。こうした現在の塩瀬があるのも、ひとえにあのとき主人とともに苦心した結果でした。また、平成八年には、本社ビルを建築しました。

こんなにも私と塩瀬を支えてきてくれた主人について思うとき、感謝の気持ちとともに、心苦しく胸が痛むことがあります。引退後の人生設計を方向転換し、御菓子屋の運営を基礎からつくり上げなければならないという大変な現実を抱え込んだからでした。それでも主人は、病室のベッドで母から手を握られて、塩瀬を引き受けると決断したそのときより、ただの一度も後悔の念を口にしたことはありませんでした。

感謝の気持ちは星の数ほど無数にあって、それこそ伝えても伝えても伝え尽くせないほど。でもその根底にはいつも苦労をかけて申し訳ないという気持ちがあり、それがいまだに私の中からぬぐいきれないでいます。

主人の仏壇に、許してくださいと私は手を合わせています。主人は不満などもたず、心を込めて務めてくれていたことも重々わかっています。私が頼りにすると、喜んで引き受け、さまざまな問題を進んで解決してくれました。主人は病に倒れ、入院するようになってからも、塩瀬のことを毎日気に掛けていました。死を目前にしても、塩瀬のデスクに戻りたがったので、車椅子のまま連れ出し、塩瀬のデスクに座らせてあげたこともありました。

主人とともに育んできた塩瀬の二〇年間……。もしも主人と私の二人三脚で塩瀬を引き受けることがなかったならば、ゆったりとした穏やかな暮らしを送っていたならば、どんな二〇年間だったでしょうか。具体的な想像は浮かびません。

私たち夫婦にとっては、辛いこと嬉しいことにも二人で同じ時を刻み、一緒に築いてきたかけがえのないもの、それが塩瀬なのです。主人がいなかったら、塩瀬はここまでには決してなれませんでした。

書いてばかりいる私の日常

まだ女学生であった時分から、私は短歌を詠むことを趣味としています。娘時代から書き付けている歌日記には、これまでに書き留めた短歌が約七〇〇首に及んでいます。

ある時、来福寺の会報誌『来福寺だより』に短歌を掲載したいとの依頼がありまして、お寺に関係する短歌を集めてお渡ししたことがありました。会報誌に掲載された私の短歌を読まれた方がたいそう驚かれ、「いつも笑顔でいらっしゃるので、なんのご苦労もないのかと思っておりましたが、ずいぶんと苦労なされてきたんですね」と話しかけてきてくださったことがありました。

ところで、よく「苦労、苦労」というけれど、それを「嫌だ、辛い」と思ってばかりいたら、沈み込んでいく一方です。私はよく、「苦労」を「膝を折る」ことにたとえます。苦労に直面したら、「これは膝を折ることだ」と思えばよいのです。

その先にあるものは飛躍だけです。膝を折りさえすれば、それがバネとなって上へ飛躍できるのです。昔の人は、「苦労は買ってでもしろ」とよく言ったものです。「かわいい子には旅をさせよ」も同義ですが、苦労は喜んで引き受けるものなのです。

嫌なことも辛いものではなく、「いらっしゃい、いらっしゃい」と受け入れるものなのです。よいことの前兆だなと思うわけです。そうすれば、嫌なことも、よいこととして受け取れるようになります。嫌なことを言われたら、「嫌なこと言われたことをありがとうございます」と感謝します。そういう気持ちでいれば、世の中、楽に人生を渡れるのです。すべては心の持ちようです。なんでも明るい気持ちで前向きに生きる、これが大事なのです。

きっと、私の短歌の中には、こうした悟りの心情がこもったものも多いのでしょう。言霊《ことだま》があるので、詠んだ頃の気持ちも伝わってしまったのではないでしょうか。

短歌づくりは、心の中をはきだす、フラストレーションの発散でもありました。私は、書くことでいつも「無」になれました。ここが「自分の心の中の捨て所」なのです。その時々に心にぱっと浮かんだ強い魂の現われを書き留めているのです。

おだやかな　日々を送らん　仏典の　呪詛還著《げんじやく》を　心にきざみ
何事も　捨て切る時に　新しき　命の芽生え　真理尊し
苦しみも　良き事の　前提と　思えばかるし　人生の道

歌日記に詰まった、たくさんの気持ち

今になって思ってみれば、私が当主となり、いろいろ企画して活動的に過ごしてこられたのは、主人が私の後ろを固めてくれていたからだと感じます。

長年連れ添った主人との夫婦生活で学んだことも数多くあります。愛されたいと思ったなら、自分が相手をまず愛するということです。人間とは、求めてばかりいると、幸せを感じられないものなのです。求める前に与えるのです。与えれば、必ずそれが戻ってきて、求められます。

求められたいから与えるのではないけれど、結果を求めず、せずにはいられなくて、まず自分から与えるという心境で暮らすことが、夫婦生活の真髄であると、断言できます。それが無償の愛、子供がかわいいからかわいがるのと同じです。

息子は非常に心根の優しい子に育ち、現在の塩瀬を一生懸命に支えてくれています。娘はとてもよ

く気がつく子で、なにかと私を気にかけてくれています。また、仕事面でも私のサブ役をいつも心がけてくれ、商売のこともよくわかっています。子供は、やはり親の背中を見て育つのでしょう。親のやっていることや環境に自然と染まってくるものなのです。

たまたま現在は、息子が私の跡を継ぎ、息子が社長、私が会長となっています。主人亡き後、今度は子供たちが私を一生懸命助けてくれるなんて、なんと幸せなことでしょう。私ひとりではなにもできないのですから、ありがたいことです。おかげで、安心して毎日を送ることができます。

歌日記をめくると、家族との出来事やその時々の心情が蘇ってくるので楽しいです。

夫へ寄せた歌です。

星空の　美しき宵　なやましく　君を想いて　ひとり佇む
嫁ぐ日の　乙女心の　いとおしく　あかき秋桜《コスモス》　押し花にせり
急坂の　人生峠を　越えて今　しみじみ夫《つま》と　喜び分かつ
思い出を　酒の肴に　酌み交わす　静かな静かな　秋の宵かな
ねぎらいの　心をこめて　こまやかに　眠れる夫の　汗を拭きたり
頬よせて　残りの力　ふりしぼり　我をだきしむ　夫よ恋しき
病床の　夫をゆすり　繰り返し　ひとりにしないでと　呼びかける我

二人して　過ごせし日々と　ねぎらいを　語りつくして　夫は逝きけり

「感謝、感謝」で和菓子のことばかり考えて

塩瀬の餡は、独特の餡です。ですから、この味を壊さぬように守っていかなければなりません。この餡に自信と誇りをもって、時代が変わったとしても、この味だけは決して変えません。

本物の味を知らない人が多いと聞きますが、上質の味を知っている人は、「塩瀬の餡でないと」とおっしゃいます。塩瀬の餡の味をしっかり覚えていらっしゃるお客様がたくさんいるのです。

上質ばかりを追い求めていたら、商売が成立しないかもしれません。しかし、私はそれでよいと思っています。大量生産で売って儲けるのではなく、本物を愛してくださるお客様のためにつくりたいのです。塩瀬を愛するお客様が支えてくだされば、それで充分です。

これは現在社長である息子にも伝えてあることです。塩瀬ということで、特別な目で見てくださるお客様がいらっしゃるわけだから、それに値する品物を誠実につくり続けることが何よりも大事なのだと。

素晴らしいと言われるものは、たとえば漆器にしても染物にしても織物にしても、脈々として続き、残っていくものです。それは、個人個人の心に訴えかける文化だからです。世の中にはさまざまな文

化がありますが、塩瀬はその文化の中の和菓子という分野にいつも本物の味を残していきます。それが塩瀬の使命であり、誇りなのです。

ところで、これからの塩瀬の道筋が、私にははっきりと見えております。世間はまさか塩瀬が個人客の注文に応えてくれるなんて思っていないと思いますが、これからは個人客のご注文にもっときめ細かく応えていかなくてはならないと思います。現在も塩瀬の包み紙には、「如何様にも御調製申し上げます」と書いてありますが、今後は今以上に個人の注文に応じたオリジナルの和菓子をつくってまいりたいと思っています。それが、塩瀬の強みだからです。その点を、もっとPRしなければと思っています。

饅頭ひとつとってみても、小さいものから大きいもの、特大サイズのものとあります。お客様の希望にかなう特大サイズの饅頭をつくることもできます。デパート側からは、催事で「うちだけの商品をつくってほしい」とご注文をいただくことがありますが、そんなときは「どんなことでもお引き受けしなさい。首を捻るようなことは駄目ですよ」と、営業の者に言ってあります。お声をかけてくださることは、大変ありがたいことだからです。

塩瀬は塩瀬にしかできない強みというものがあります。木型にしても、これまで培ってきたさまざまな技術にしても、とにかく魅力的な財産をたくさん持っています。古い資料を参考にして昔の御菓子を復元させることもできます。

塩瀬の暖簾は六五〇余年続いておりますが、なにも血縁が継ぐという必要はありません。継ぐべき人間が継げばそれでよいと思っています。父は「必ずしも息子・娘が跡を継ぐものではなく、名実ともにその資格者たるものが継いでくれればいい」という考え方をしておりました。

私も息子に跡を継いでもらおうとは思っていませんでした。息子には息子の人生がありますし、その子の築いていくべき歴史を、塩瀬の歴史のために曲げるというのであれば本末転倒だからです。継ぐ資格があって、さらに本人にもその意思があれば継げばよいことだと思っていました。誰しも、自分で選択した人生を楽しめばいいと思っています。人生はいろいろですから、その本人の意思、決定次第、自由に生きていいはずです。孫についても同様で、跡を継いでもいいし、継がなくてもいいのです。こだわりません。

私の人生観として、「こだわりすぎる」ということをしては、運は開けないと思っています。「こだわりすぎず、自由で柔軟な考えでいれば自ずと、道が開けるもの」、これが私の生き方なのです。

「握ろうとすると逃げる、放すことがよいのです。人間の生き方というものはそういうものです。誰にでも、こうだという考えはあるでしょうが、それを押しつけてしまうのはいけません。何か変えたいことがあっても、無理に変えようとせず、強く念じながらも放っておけば、いつの間にか変わっているものです」

息子が社長となった以上は、塩瀬は彼の力で動いていきます。彼には彼のやり方があるでしょうし、その結果、よくなるにしても、悪くなるにしても、それは彼が持っている力、背負っている運命によるものと思っています。だから、それに逆らうことはありません。

仮に彼が素晴らしい力を持っていて、私の時代の塩瀬に比べ売り上げを伸ばすことがあるかもしれませんし、時代に応じて下がることもあるかもしれません。ただ無理はせずに、自分の持っている力を出しきって、一生懸命、一途にやること、それでいいのです。

ただし、ひとつだけ言いたいのは、決して止めないということ、暖簾を下ろさないということです。各世代の当主は、途切れそうになる暖簾の重みを努力して復活させ、つなげてきました。その尽力のおかげで、塩瀬総本家は六五〇余年以上続き、現在があります。これから先も暖簾を守り続け、儲けるとか、盛大になるとかいうことよりも、しっかりと真面目に堅実に御菓子づくりに専念することです。

社員も皆、とてもよく働いてくれています。たくさんの人に助けられ、支えられて、塩瀬の今があるのです。いつも感じるのは、ひたすら心からの感謝の思いばかりです。いつでも塩瀬の饅頭を食べたいというお客様がいてくださいます。言葉には言い表せないありがたさを大切に思いながら、塩瀬は真心込めて、御菓子をおつくりしています。

お客様に感謝、感謝の一心で、和菓子のことばかり考えています。

「ああ、我がまんじゅう屋人生に悔いなし」、これが現在の私の心境と言えるでしょう。

継続は　宝なりとは　一族の　功《いさお》を継し　わが道しるべ
商いは　命がけの　仕事なり　のれんを守る　務め重くて
淡々と　花の命と　人生を　のれんに重ね　思うこの頃
ありがたし　明治大正　昭和とぞ　三代続く　顧客のありて

付録／まんじゅう考――日本のお菓子のあゆみ

饅頭のルーツをたどる

日本のお菓子の歴史をたどる前に、中国の饅頭の歴史について簡単に触れておきたいと思います。テレビ番組「謎学の旅」のロケは、林浄因の故郷である中国杭州にまで足を延ばし、林浄因碑の前に嵐山光三郎氏とともに立ったところで終了しました。番組は、林浄因のいた時代から栄えていたという杭州の点心街を紹介し、点心と饅頭の関係にもスポットをあてて放映されました。

点心とは、中国料理で食事の合間にとられる軽い食べ物のことで、点心の「点」は点ずる、「心」は体の中心を示すといわれ、「腹の中に少量の食べ物を点ずる」という意味をもつという説などがあるようです。

点心のひとつに、中にひき肉をつめた、日本でいうところの「肉まん」に近いものがあります。その肉まんのようなものを中国では一般に「包子《パオズ》」と呼び、中に何も具の入っていないものを「饅頭《マントウ》」と呼ぶそうです。

林浄因はこれらにヒントを得て日本で独自のお菓子をつくり、名前はそのまま「饅頭」を用いたのだと思われます。

中国における「饅頭」といわれるものをもっと詳しく知りたい。テレビ番組「謎学の旅」の中で、〝日本最古のまんじゅう〟を追跡した嵐山氏は、それに続いて〝世界最古のまんじゅう〟を求めて中国を旅しました。

中国の『事物起原』にある、饅頭は諸葛孔明に始まるという説の真相を探るべく、嵐山氏は孔明が活躍していた蜀の都であった成都に足を運び、四川大学歴史学部を訪ね、ひとつの伝説を教えてもらいました。それは次の通りです。

孔明が率いる蜀の軍が中国南方を平定して蜀に帰る途中、暴風雨のため川が氾濫して渡ることができなかった。地元の者が「ここは蛮地であり邪気が強いので、四九人の人間の首を切って神に奉らなければ川を渡ることはできない」という。しかし孔明は人を殺すには忍びないので、一計を案じ首の代わりに小麦粉をこね、中に豚、羊の肉を入れて人間の頭の形にしたものを四九個つくって川の神に奉った。すると、翌日、氾濫はピタリとおさまり、孔明の軍は無事川を渡ることができた。

このエピソードが真実ならば、孔明は自ら食べるためではなく、人間の代わりに神へお供えすることを目的に饅頭の原型をつくったということになります。

饅頭は、蛮地での儀式、蛮人の頭の代わりにつくられた「蛮頭《マントウ》」から生まれ、後に「蛮」が「饅」の字に変えられたものらしいということです。

「世界最古のまんじゅう物語」の番組は、嵐山氏が、現地の点心店で大きな饅頭を四九個つくってもらい、川に流して昔を偲んだ場面で終わりました。

まんじゅう以前、日本のお菓子のあゆみ

さて、本題にもどります。日本では、古くは「菓子」を「果子」と表記していました。これは、お菓子の始まりが果物であったことを意味しています。古代の人は山野に自生している木や草の実を収穫し、季節を感じて喜び、その味覚を楽しんでいたものと思われます。それらは、石榴《ざくろ》、梨子《なし》、栗子などの木の実や、真瓜《まうり》(真桑瓜)、白瓜《しろうり》、茄子《なす》、アケビなどの草の実です。また、もちもお菓子の役目をしていたのではないかと思われます。

もちの歴史は古く、弥生時代の銅鐸《どうたく》などに臼と杵を使っている絵が見られますから、弥生時代にはすでにあったようです。糯米《もちごめ》を蒸して杵でつくという日本のもちは、日本独自に発生し現在に至るものといわれています。

もちを神仏に供え、賀儀に用いることは、日本古来の風俗で、正月の鏡もち、菱葩《ひしはなびら》、雑煮、三月の草もち、五月の粽《ちまき》など年中行事に用いられてきました。

古代の甘味としては、まず飴があげられます。『日本書紀』にも飴に関する記述があり、甘味と栄養の補給に貴重なものであったようです。また『和漢三才図会』(一七一二年)によると、薬用として飴が用いられていたということもわかります。

飴の他に、甘葛煎《あまずらせん》、蜜(蜂蜜のこと)、蘇《そ》(乳製品。牛羊乳を煮詰め濃縮したものか)などがありました。

砂糖は、奈良時代に来朝した唐の学僧の鑑真によりもたらされました。天皇への献上品に黒砂糖をもって来たのが日本に砂糖が伝えられた最初だといわれています。砂糖はその後も、輸入量が少なかったため珍重され、お菓子の甘味としては使用されず、薬用として用いられたようです。

平安時代になると、お菓子の種類は増えていきます。栗、橘《たちばな》、杏《あんず》、李《すもも》といった木菓子、松実、栢実、柘榴などの干菓子、そして人造菓子として、もちなどがあります。煎餅菓子の始まりもこの時代に見られています。

また、この時代には遣唐使が派遣され、大陸との交流が盛んであったため、唐から輸入された菓子、唐菓子が発展しました。米粉や小麦粉、大豆粉などを、こねて平たくして茹でたり、花や縄の形をつくって油で揚げたりしたものでした。これら唐菓子は、神饌用菓子として使われ、現代に至るまで日本菓子に大きく影響しています。

意外に知られていない、まんじゅうとは

鎌倉時代初期に栄西禅師が禅宗を伝え、僧の往来が行われるようになると、中国から点心という食習慣が伝えられました。鎌倉時代・室町時代を通して禅宗は隆盛し、武家社会にも広まったため、点心の習慣も広がりました。狂言や日記文学にも点心の言葉が登場していることから、一般にも馴染みのある食習慣であったと思われています。

点心に用いられる食べ物は、羹《あつもの》類、麺類に菜を添えたもの、饅頭類、果実類、もち類であったよう

です。中世の点心は、あまり調味料を加えていないので、汁をつけたり、敷砂糖(砂糖を添える)をして食べていました。

羊羹はもともと中国では、羊肉・羊肝の羹、すなわち羊肉の入った汁のことですが、日本では僧侶は肉食が禁じられていたため、植物の材料を用いるようになり、赤小豆《あずき》の皮を取り去って餡をつくり、麺粉とあわせてこね、蒸したそうです。こうした室町時代につくられたと思われる蒸羊羹はやがて甘味を加えられ、安土桃山時代には練羊羹となります。

『吾妻鏡』(鎌倉後期)に「十字」という言葉が登場しますが、この「十字」が饅頭であると考えられています。中国で、蒸餅の上に小刀で十文字形に切目を入れて食べよいようにしたことから、蒸餅のことを十字と呼ぶようになったようです。蒸餅は小麦粉をこねて蒸したもので餡なしの饅頭のようなものです。

当時の饅頭は、垂味噌《たれみそ》の汁(味噌に水を加え袋に入れて垂れ出した汁)が添えて出され、汁には、粉《こ》と呼ばれる山椒の粉、肉桂の粉、胡椒の粉、辛し粉や、切物《きりもの》と呼ばれる柚の皮、蜜柑の皮、紫蘇の葉、蓼《たで》の葉、茗荷《みょうが》の子などを細かに切り刻んだものが入れられたようで、当時の饅頭は、中に何も入っていなかったことがうかがえます。

そうして点心としての饅頭が食べられていた頃、室町時代初期に、林浄因が日本に来て、中国で習い覚えた肉饅頭や菜饅頭を禅僧が食せるようにアレンジして、小豆餡をつくり、これを中に入れたまんじゅう(餡饅頭)を創作したことは本書で述べたとおりです。

浄因のおまんじゅうは、皮には小麦粉と水を練って発酵させた老麺《ラオミエン》と呼ばれるものを練り込み、餡は小豆餡に甘葛煎の甘味と塩を加えたもので、これは日本のお菓子界にとって驚くべき創造でありました。

小豆は、中国ではあまり使われていませんでしたが、日本では昔から小豆や豆類をよく摂取してきました。また晴れ食に、赤飯やずんだもちなどを食べる習慣があることから、餡饅頭は好評を博し、広まったのだと考えられます。

よくお客様から「林浄因の当時の餡は、〝こし餡〟ですか、それとも〝つぶし餡〟ですか」と聞かれますが、中国では古くからこし餡がつくられているので、〝こし餡〟だとお答えしています。北宋時代の菓子の製法が書かれている『汴京餻點』(開封市食品科学技研究所編)に、餡のつくり方が書かれていて、要約すると、「小豆と水を一緒に鍋で煮る。小豆とソーダーを入れるとよく煮える。布で皮と中身をわける。砂糖と蜜と中身を一緒に入れて煮る」とあります。この製法は、現在のこし餡のつくり方とまったく同じなのです。

室町時代後期には、林浄因の孫、紹絆が中国に渡り、製菓を学び、宮廷や上流社会でのみ食されていた「薯蕷《じょうよ》饅頭」の製法を習得して日本に戻りました。これより、塩瀬の饅頭の皮には山芋が用いられることになりました。山芋をすりおろした皮で包むこのまんじゅうは、〝ふわっ、ほっこり〟、それでいて歯ごたえもあり、独特の食感のおいしさがあります。

砂糖の存在がお菓子の歴史を大きく変えた

安土桃山時代、砂糖は、薬用から食味用となっていきました。

南蛮貿易が日本のお菓子にもたらした影響も大きかったようです。南蛮菓子には、今日も食べられているカステイラ(カステラ)、カルメイラ(カルメラ)、ボウル(ボウロ)、コンヘイトウ(金平糖)、ビスカウト(ビスケット)などがあります。これらは、砂糖を多く使った画期的なお菓子でした。それまで飴や甘葛煎を甘味料としていたところへ、お菓子に砂糖を用いるという発想が入ってきたのです。

江戸初期に砂糖の製造法が伝わり、奄美と琉球で黒砂糖の生産が行われるようになっていましたが、幕府は砂糖の国内生産を奨励し、徳川吉宗は各藩に命じて砂糖作りを試みました。

一八世紀に白砂糖が国内自給されるようになって、飛躍的に砂糖菓子の製造が増えました。砂糖がお菓子の隆盛を支えていくことになります。

江戸時代は、茶の湯がますます盛んになり、花鳥風月をめでる精神から、意匠に工夫がこらされた生菓子、半生菓子、干菓子などがつくられ、菓子の種類が増えていきました。

茶の湯が定着していた京都では、お茶うけとしてさまざまなお菓子がつくられるようになり、一七世紀後半になると、味覚だけではなく、視覚的にも美しいものが生まれていきました。

こうして、洗練されたセンスと菓子づくりの技術をもつ京下りの菓子職人が江戸をはじめ各地で菓子屋をつくり、菓子文化を広めるという傾向があったようです。江戸には京都の文化と江戸独自の文化を併せ持った江戸のお菓子文化が開花したといえるでしょう。

また、庶民に親しまれる煎茶の登場によって、お菓子や漬物などをお茶うけとしてお茶を飲むような場面がよく見られたのではないかと思います。

こうして江戸時代には、まんじゅうがお菓子として発達し、全国に広まっていったのです。

お菓子の世界にも〝御維新〟の波が……

明治時代に、日本人の生活様式は大きく変わりました。海外貿易が盛んになり、洋菓子店が見られるようになりました。イギリス、フランス、アメリカから西洋菓子が入ってくるようになり、キャラメル、キャンディ、ケーキ、パイ、シュークリーム、ドーナツ、ババロア、プディングなどが、しだいに日本人の口に馴染むようになりました。御維新の波はお菓子の世界をも大きく飲み込んでいったのです。ところが、太平洋戦争が終ると、物価統制令がしかれ、これによって多くの由緒ある名菓や店が次々と姿を消すことになってしまいました。

終戦後のお菓子といえば、芋飴、または葡萄糖、サッカリン、ズルチンといった代用甘味使用のものが売られていたものです。そして戦後六〇年経つと、いまや和菓子も洋菓子も多種多様なお菓子が溢れるほど出回っています。一九六〇年代に現れたスナック菓子も当たり前のようにスーパーマーケットやコンビニエンスストアに顔を並べています。

最初は果実などからはじまった日本のお菓子ですが、こうして歴史をたどってみると、唐菓子、点心、南蛮菓子、西洋菓子と異国文化を取り入れながら、日本人の味覚に合うように工夫され、上手に取り入れられてきたということがわかります。

　和菓子は茶道とともに発達し、四季折々の自然の趣向を表す日本独特の菓子です。塩瀬では、お菓子の原点に返って、自然の恵みに感謝し、産物(原料)を大切に使わせていただいています。

　その産物の持ち味を充分に引き出し、お客様が召し上がって心なごむような、そんなやさしいお菓子をつくりたいと常に念願しています。

あとがき

浅学非才な私が本書を出版させていただき、赤面の至りです。

本書執筆のお話をいただいた頃は、私事でございますが、長年、私を支えてきてくれた最愛の夫が故人となった時期で、当時、私はこんな歌を詠んでおりました。

このごろは　無事なる日々が　最良と　思いさだむは　老いたる故か

そんな思いを抱えて原稿を書いておりますと、その時代、時代を生き抜いた方々の姿がありありと浮かび、その一人ひとりが自分の能力を精いっぱい発揮して、生き生きと活躍されておりました。

その軌跡は、あくまで歴史の表舞台の陰に存在したものではありましたが、しかし命をかけた人間の生きざまや、温かい人情の深さに心打たれました。これらの人々の努力と愛情によって、塩瀬の歩みが続けられたことを、今更のようにありがたく感動いたしました。

すばらしい先人の活力が、私の身体に伝わってくるように思いました。

執筆を始めてまる二年。夫の三回忌を迎えようとしている私ですが、執筆をする中で、歴代の当主の生きざまに励まされ、また当主としての私自身の過去からも励まされて、再び生きる勇気のようなものが生まれてきました。毎日、従業員たちに厳しく指示を出して、忙しく働いておりますが、きっと夫はそんな私の姿を、目を細め、喜んでくれていると思っております。

輝きて　意義ある日々を　過ごしたし　なお一夏　なお一冬と
一本の　髪の毛さえも　影をもつ　せめて残さん　菓子の華影

こうして本書を出版できましたことは、私の望外の喜びでございます。これもひとえに塩瀬を愛してくださるお客様のお陰でございます。

このご厚恩に感謝し、先祖を祀るために、私どもができることはただひとつと考えます。お客様に喜んでいただくために、誠実に、心をこめて和菓子をつくることだと思います。塩瀬が日本の食文化の発展に尽くした足跡を誇りとして、六五〇余年続いた暖簾を絶やすことのないように、今後も努力してまいります。息子で三十五代当主の川島一世も最近はたくましさが加わり、当主としての貫禄が出てきたようです。

最後に、本書を刊行するにあたり、岩波書店編集部の山本慎一氏、アトミック代表で老舗ジャーナリストとして健筆をふるう鮫島敦氏、そのスタッフ安久智子氏のご協力をいただきました。感謝申し上げます。

平成一八年春

川島　英子

参考文献

『近世風俗見聞集』　国書刊行会編、国書刊行会、一九一二
『五山文学全集』　上村観光編、思文閣出版、一九九二
『日華文化交流史』　木宮泰彦、富山房、一九五五
『五山文学新集』　玉村竹二編、東京大学出版会、一九六七〜八一
『和菓子の系譜』　中村孝也、淡交新社、一九六七
『日本の菓子』　藤本如泉、河原書店、一九六八
『饅頭博物誌』　松崎寛雄、東京書房社、一九七三
『日本のしるし』　高橋正人、岩崎美術社、一九七三
『中国食物史』　篠田統、柴田書店、一九七四
『茶の菓子』　鈴木宗康、淡交社、一九七九(裏千家茶道教科　教養編6　監修　千宗室)
『日本歴史地名大系』　平凡社、一九七九〜二〇〇五
『宮内庁御用達』　倉林正次監修、講談社、一九八三
『日本の風土と食』　田村真八郎・石毛直道編、ドメス出版、一九八四
『物語・萬朝報』　高橋康雄、日本経済新聞社、一九八九
『江戸の料理と食生活』　原田信男編著、小学館、二〇〇四
『菓子の事典』　小林彰夫・村田忠彦編、朝倉書店、二〇〇〇
『宮内庁御用達 商品購入ガイド』　鮫島敦・松葉仁、河出書房新社、二〇〇一
『宮内庁御用達』　鮫島敦・松葉仁、日本放送出版協会、二〇〇一
『江戸の庶民が拓いた食文化』　渡邉信一郎、三樹書房、一九九六
『老舗の訓 人づくり』　鮫島敦、岩波書店、二〇〇四
『茶の湯の心得』　久保田米僊、新橋堂、一九〇七

川島英子

東京生まれ.
塩瀬総本家三十四代当主.
代表取締役社長を経て，現在，取締役会長.
始祖林浄因が日本の饅頭の元祖といわれる塩瀬は，創業以来670余年，その技と味を絶やすことなく伝承してきた.「和菓子の原点は，自然の恵みに感謝し，産物を大切にしてつくりあげる，心なごむ味わいにある」が，三十四代当主の信条である.

まんじゅう屋繁盛記　塩瀬の650年

2006年5月25日　第1刷発行
2020年9月25日　第5刷発行

著　者　川島英子《かわしまえいこ》

発行者　岡本　厚

発行所　株式会社 岩波書店
〒101-8002 東京都千代田区一ツ橋2-5-5
電話案内 03-5210-4000
https://www.iwanami.co.jp/

印刷・理想社　カバー・半七印刷　製本・中永製本

ISBN 4-00-002164-8　　Printed in Japan